U0920446

儒意欣欣
RUYIXINXIN

取悦你自己，才是正经事

QUYUE NI ZIJI CAISHI ZHENGJING SHI

李甜甜 著

九州出版社
JIUZHOUPRESS

图书在版编目（CIP）数据

取悦你自己，才是正经事 / 李甜甜著. -- 北京 : 九州出版社，2017.8
ISBN 978-7-5108-5750-8
Ⅰ. ①取… Ⅱ. ①李… Ⅲ. ①女性－人生哲学－通俗读物 Ⅳ. ①B821

中国版本图书馆CIP数据核字(2017)第183424号

取悦你自己，才是正经事

作　　者　李甜甜
出版发行　九州出版社
地　　址　北京市西城区阜外大街甲35号(100037)
发行电话　(010)68992190/3/5/6
网　　址　www.jiuzhoupress.com
电子信箱　jiuzhou@jiuzhoupress.com
印　　刷　北京市平谷县早立印刷厂
开　　本　880毫米×1230毫米　32开
印　　张　8.5
字　　数　120千字
版　　次　2017年8月第1版
印　　次　2017年8月第1次印刷
书　　号　ISBN 978-7-5108-5750-8
定　　价　38.00元

目录
CONTENTS

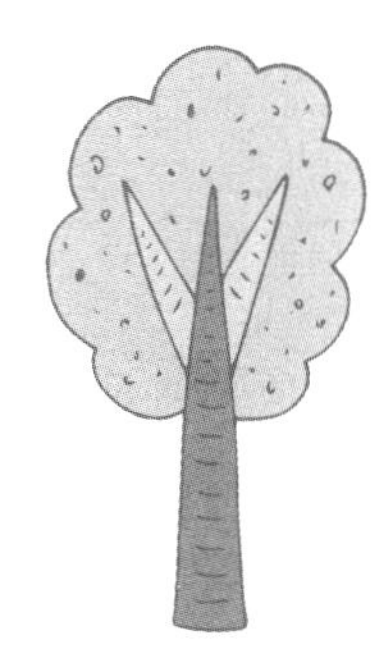

不倾城，不倾国，倾其所有爱自己

目录
CONTENTS

像美人鱼一样恋爱，像灰姑娘一样嫁人

目录
CONTENTS

与其望子成龙，不如望子成人

目录
CONTENTS

看得见的光鲜，
看不见的苟且

序言
Preface

作为一位典型的“严母”，我母亲一直跟我说，对人对事要常思“己过”，多多站在别人的角度为别人考虑，把“体面”和“尊严”留给别人，才能获得好人缘。我一直觉得这句话很有道理，生而为人只有“时时自省”才能有所升华，有所进步。

比如，从小被教育着“你是姐姐，要让着比你小的弟弟妹妹”的某些弟弟妹妹恃宠而骄，从儿时飞扬跋扈抢走你的玩具开始到现在年近而立，对方依旧没理解“相互尊重”的真正含义。

比如，某位自卑的前任在没有战胜妄自菲薄的心魔之前，初恋时你所有的无微不至和通情达理，都成了引爆对方歇斯底里的定时炸弹。

比如，等到走向社会，你秉持着“与人为善，天下大同”的和谐理念，但是总有人把你的“良善”当成“软柿子”去拆台。

我不是人民币，做不到人人都喜欢我。更更关键的是，这样的我不快乐，很不快乐。

但是，偏偏我不是一个纯粹的人，偏偏我是一个叛逆的人。到如今我猛然回头发现，留在我身边至真至纯的师长、至交和爱人，没有一个是靠着我掩饰本性曲意逢迎“取悦”过来的。反倒是有被我“性格棱角分明”吸引过来的爱人，不打不相识冤家吵架吵成的朋友，臭味相投臭成的至交，还有稀里糊涂地粘成的闺蜜。甚至当年那位拽着我改论文改得我眼泪哗啦啦流的导师，后来天天逼着我改文案改材料气得我直接挂了电话的上司，现在都成了心怀满满感恩的忘年交。

说来奇怪。在这些人眼里，我到现在都是一副“自以为是”“棱角分明”的臭脾气，和所谓的“善意人意”“通情达理”毫不沾边。但是他们很多人却在无私地信赖我，支持我，帮助我。

而那些在某些情景之中让我不得不带着“恭恭敬敬”的面具去示好、去取悦的人们，早已卷入时间的洪流之中，或者只是淡如水的点头之交。

那天看到微博的热点搜索是美国影坛常青树梅丽尔斯特里普的名言：对某些事情我不再有耐性，不是因为我变得骄傲，只是我的生命已到了一个阶段，我不想再浪费时间在一些让我感到不愉快或是伤害我的事情上。对于愤世嫉俗、过度批判与任何形式的要求，我没有耐性。我不愿去取悦不喜欢我的人，或去爱不爱我的人，或对那些不想对我微笑的人去微笑。

我突然恍然大悟，原来那些不需要你刻意去取悦的“有缘人”，其实就是可以让你脱下面具，卸下心防回归本真做自己的那些人。比如昨天还在校园里跟闺蜜闹别扭互不理睬，如今天各一方却抱着电话絮絮叨叨地舍不得挂。闺蜜说，真想念咱们在一起的青葱时光，可以好好地做回我们自己，取悦我们自己。

直到现在，听到那句“取悦我们自己”的时候，心田都会瞬间湿润起来。回头想想，但凡生命里和我真正有过挚真交集的人，无一不是我把大部分时间精力用在关注自己、取悦自己、活得自我最真实的时候与之相遇的。

我想，正是因为双方不需要刻意地“取悦”，没有委屈自我去曲意逢迎，没有阉割自我去削足适履，所以不会有匮乏，不会有缺失。相互交流之时彼此会保持一个完整的自我，一个满足的自我，一个真正的自我。

然后，物以类聚，人以群分。缘分，本来就是最讲究“吸引力”的东西。在《东京爱情故事》里就有那么一句经典：我爱你不是因为你是谁,而是因为与你在一起时我是谁。

所以，爱自己才是终生浪漫的开始。只有取悦我们自己，活出我们自己的气场，才能召唤出那些和我们志同道合的有缘人。

正如同样有缘，此刻翻开这本书的你。

其实写作如同前边所讲的做人一样，你越是想取悦别人，越是想让所有人都满意，你就越是迷茫失落，知道最后彻底失去自我。

不好意思，我受够了用味精提味的寡淡鸡汤，也受够了叽叽歪歪的矫情语录。如果一部文学作品只是为了“出版”而勉强存世，只是为了“追赶潮流”而违心存在，作者自己写出来的东西甚至都不能取悦得了作者自己，都不能给作者本人一个踏实的交代，那才是对不起自己良心的真正的失败。

所以这本书里的文字，如同已活得犀利又自我的本人一般，直白坦率到近乎苛刻，丝毫没有“心灵鸡汤”的温润感。我的研究生导师曾经问我，为什么你的介绍里总有“资深金牛座”这么一句话?

我说，金牛座代表着务实与理性，“资深金牛座”代表着“超级务实与理性”。所以比起歌功颂德地撺掇女性无私奉献自己单薄的一生，或者不痛不痒地讲些矫情的情爱故事，我更喜欢在文字里剖析出尘世女子心底最挣扎的病灶然后面对现实。然后来一场向死而生的，自我救赎。

人生苦短。如果你也决心做一个不想再装睡的通透人，对于愤世嫉俗、过度批判与任何形式的要求，统统失去了耐性，不愿去取悦不喜欢你的人，或去爱不爱你的人，或对那些不想对你微笑的人去微笑。那么，取悦你自己，才是正经事。

而我知道，这么取悦自我的文字，这么取悦自我的性格，懂我的人会更懂我，爱我的人会更爱我。

最后我要向亲爱的姚晓娟女士献上万分诚挚的感谢：你是我文章的第一个读者，是我的闺蜜，是我的姐姐，也是我的恩格斯。

可以玛丽，
但别苏

取 悦 你 自 己 ， 才 是 正 经 事

一个最能毁灭女人幻想的地方

1.

某日下午，我去市某三甲医院妇科找一位医生朋友，结果碰巧那天她值班出任门诊大夫。在诊疗室等她的半个小时里，所见所闻令我触目惊心。

患者A，一位清丽瘦弱、脸色苍白的年轻姑娘。她还未坐定就对医生说："我想把节育环取掉。"

朋友吃惊地看了下她的病例，注意到这位想要"取环"的姑娘只有23岁，于是问她："你结婚了没有，为什么要带环避孕?"

姑娘回答：“没有结婚，上个月刚流产，流产之后上的环，发现有些感染，所以想要取掉。”

朋友恨铁不成钢地说：“你这么年轻，以后还是要怀孕的，避孕方式不止这一种，怎么选了个最不合适的！哪有刚流产就给小姑娘上节育环的？哪家医院给你做的，是三甲医院吗？”

姑娘低下头，小声地回了句：“是三甲医院……”

“哪家三甲医院这么不负责？你跟我说是哪家医院？”

被医生这么一追问，姑娘更慌了，只是小声念叨着：“反正不是咱们医院……”

身为一名已婚妇女，听完这段对话，我已经知晓了个大概。爱情是两个人的事情，欢愉也是两个人的事情，但是避孕在这段情感里，却是女人独自承受负担和诅咒。为了取悦爱人，这位姑娘在小诊所流产之后便立刻上环避孕，我真为这位姑娘为爱傻气的奉献精神感到担忧。

2.

患者B是一位在校的学生，她一言不发地低着头跟着母亲来到诊疗室，哑光丝绒的砖红色唇釉让人感觉她的气场颇为怪异。

母亲向医生介绍情况：19岁，双子宫，意外怀孕4个多月了，这个孩子不能留下。

朋友问："既然不打算要孩子，为什么超过16周才来？"

母亲叹气道："她根本不知道自己怀孕了，等她从学校回来的时候我发现问题已经来不及了。现在药物流产还来得及吗，我不想让她做手术流产，那样对她的身体伤害太大。"

朋友很是无奈地说："妊娠49天以内才能药物流产，6～10周可以用负压吸引术，11～14周用钳刮术，现在都16周了，只能做引产了。因为她是双子宫，所以更需要多注意，还是先拍个B超做诊断比较好。"

母亲问："医生，引产手术以后会不会对她身体造成影响？"

朋友说："肯定有影响，做好术后护理很重要。毕竟她还年轻。"

母亲听了立马眼圈泛红，忍不住低声地啜泣起来。作为一个母亲，女儿即将面对的痛楚让她此刻如剜心般疼痛。倒是一直低头不语的姑娘这时抬起头来问医生：

"阿姨，这个手术会不会打麻药？"

朋友回答："会打。请别叫我阿姨，我大不了你几岁。"

姑娘说："哦。只要不疼就行。"

只要不疼就行。年轻真是天真，年轻真是无畏，年轻也真是短视。母亲关注的始终是对女儿身体康复和生育能力的保护，以最大限度地减小对女儿身体的伤害。而年轻单纯的女儿，关心的却只是能否逃避“疼”这个肉体上的惩罚而已。

3.

患者C是一位衣着朴实的育龄少妇，她等了许久才走进了诊疗室，把刚刚拿到的化验结果递给医生。

看了化验数据，朋友就很严肃地告诉她：“你的促卵泡成熟激素已经高于正常值11倍，雌二醇也是低得可怕，初步诊断为卵巢早衰。”

患者C满脸疑惑，带着一种焦虑的不解询问：“医生您说的术语太专业了，我听不懂。我刚刚结婚不到一年，想要备孕但是月经不太正常。我之前没有过流产史，卵巢早衰会不会影响我今后怀孕？”

朋友很沉重地说：“卵巢早衰跟遗传染色体有关，卵巢早衰说明卵巢已经不具备排卵功能了，你现在这个数值已经与一个50多岁更年期妇女的素质相当，甚至更糟。”

患者C即刻泪崩：“我刚刚结婚，还没有做妈妈呢，不能就这么剥夺我做母亲的权利啊……”

朋友赶忙安慰她："临床上也有患者在确诊后有间断的月经恢复甚至发生自然妊娠的，接受治疗很重要。"

4.

患者C走后，我无不感慨地对朋友说："这个世界真不公平，不想生育的人透支自己的健康当爱情的祭品，老老实实想要生育的人却被无情地宣判'死刑'。"

朋友也无限唏嘘："太多的女性对自己的身体处于一种愚昧无知的状态中，甚至受到健康威胁和生育威胁时，依旧不懂得爱护自己的身体。"

我突然想起近些天的那则报道，一位24岁的女士，怀孕7次，流产3次，当第四次剖宫产的时候，因为并发凶险性前置胎盘在手术中出血过多，相当于把自己全身的血液换了四遍。等妇产科医生将她从死亡线上救回来的时候，昏迷许久的她睁开眼睛的第一句竟然是：孩子是男是女？当得知是个儿子的时候，她一脸兴奋地说：这下回老家终于能在婆家抬起头了……

女人对自己最高级别的轻贱，是将女性的性别价值和生育价值与缺乏独立的情感依赖廉价地绑定在一起，作为情感附庸的必备赠品，当作讨好他人以维持关系的工具。

未婚的女子自觉地将自己视为情趣用品，以透支自己健康的方式为代价，来换取情感关系中的欢愉体验。

已婚的女子则自觉地将自己视为生育工具，以糟蹋自己身体健康的方式为代价，来换取婚姻关系中的牢固纽带。

爱到不能自拔的时候，她们因为无知而无畏，因为无畏而无知。但是她们却不懂得保护自己，珍惜自己。

妇科医生张羽在她的《只有医生知道》这本书中曾经感慨过："男人和爱情，这两样东西都很奇怪，高大的往往不威猛，看着阳刚十足的往往没担当，表面的帅气或者流氓假仗义等等虚浮的东西往往让女孩子向往、迷恋，甚至飞蛾扑火。也许，年轻的时候，我们真的就是不懂爱情，再或者，命运就是这么捉弄人，更或者，改变的根本就是我们自己。"

妇科诊疗室，真是一个最能毁灭女人幻想的地方。在这里你会发觉，一切虚无缥缈的甜言蜜语和不负责任，在女性的健康和自尊面前，都显得极其荒谬和苍白。可世间依旧有太多泥足深陷的女子忘记了这个真理：身体才是革命的本钱。

一位“颜值暴发户”的美丽与哀愁

1.

最近闺蜜产女我去探望，瞬间被可爱的小萌妞萌得心都融化了。不经意间说起国内现今安全状况令人堪忧，以及现在青春期孩子过于早熟以至早恋造成的后果，我俩不得不感慨身为女儿成长的艰辛。

“是否应顺应女人爱美的天性，把女儿从小像公主一般漂亮地富养起来，让她在别人的瞩目中成长？”这个问题我们讨论了很久。

诚然，作为女性，我们早已认可“内涵”能带给我们无限可能的广袤世界，但是这并不是我们放弃对自己外表要求的借口。内涵与外在是相辅相成的促进关系，比如，“腹有诗书气自华”就是最好的佐证。

但是如何在这个看脸的世界深情地活着，是每个探索自我价值的人需要面对的问题，对有着高标准的自我要求的女性而言尤甚。网上的一句名言曾被转发无数：

从小被人夸漂亮的那种与生俱来的优越感，跟后台砸钱整出来的暴发户一样突然变美的扬扬得意，是两种气质。从小到大的长相，决定了你是否自信。而你自信的程度，决定了你日后为人处世的视野格局和行为能力，以及你对幸福的理解。

2.

一个姑娘，从小气质外貌带来的作用，潜移默化地影响着她长大之后所做的每个选择。人生就是由无数个选择组成的,哪怕一个小小的选择，都能造就你不同的人生。

我曾经遇到一位在情感中两难的姑娘，她有男朋友，但是对后来的仰慕者的倾慕之情不拒绝、不主动、不负责。他的付出他的好她照单全收，与男友吵架落寞黯然时刻她的仰慕者随叫随到，但是需要她做出抉择划清界限的时候，她则搬出“友达以上恋人未满”的理由保持距离。

最后结果是东窗事发，男友对她的情感忠诚度产生怀疑，引发争吵冷战甚至到了分手的边缘，仰慕者则愤然而去。

她向我抱怨："其实她是真的不想背叛爱情背叛男友，但是也不想失去他这个朋友。他们怎么就不能理解她呢？"

我忍不住反问一句："你是想让一个备胎理解一个女生因为贪婪而不断玩弄别人的感情玩暧昧？还是想让一个正牌男友反思自己照顾不周关心不够，女友只能另觅蓝颜知己？"

姑娘被我的毒舌说得低下了头。过了许久说了一句"其实我没有那么坏,我只是贪恋这种被人在乎被人珍惜的感觉。"

3.

那天姑娘跟我说了很多她的故事，自嘲是"颜值暴发户"。

因为小时候父母看重学习成绩，所以特别不支持原本爱美的小姑娘打扮自己。直到上大学前，她穿的除了校服就是表姐不穿了的肥大不合身的衣服。青春期的时候因为又土又胖不被大人们宠爱和关注，还曾经在家庭聚会的时候被长辈开玩笑说成是"福娃"，自卑得无以言表。

后来自己出来独自生活了，她开始减肥、化妆、打扮自己，尤其爱买衣服。经常这边新买的衣服正愁衣柜已经满了，那边随意就能翻出好几件依然挂着标签压在箱底好几个季节的新衣服，以此补偿自己小时候对漂亮衣服的渴望。

她慢慢变美了，身边关注自己的人逐渐多了起来。因为从小缺乏关注，这让她很享受被很多人追求的感觉，觉得这样能得到更多的关注和呵护。这种虚荣带来的被关注感让她有了被认可的自信，这种自信让她觉得很有安全感和满足感。所以她和男友虽已经相恋多年，但是又对别人温润如玉的呵护欲罢不能。

但是，爱情具有排他性。伤害由此开始。

4.

我见过太多因早年匮乏而引发的过度自我补偿心理，这位姑娘就是个典型。

阿德勒在《理解人性》一书中曾用过度补偿机制解释了许多心理现象：因人在幼年时弱小、无助和自卑的，所以，他生活的所有目标都指向了超越自卑这个目标。受周围环境的影响，在自卑感的压力下，灵魂会竭尽全力成为自己的主人。

当自卑感强大到一定程度，儿童会害怕自己无法补偿自己的软弱，于是，在力求补偿时，危险出现了。他将不会满足于力量平衡的简单恢复，会将要求一种过度补偿，寻求一种衡量标准的超值。因此，对权力的奋争可能会夸大和强化，以至于出现病态。这时，普通的生活关系就不再令人满意了，在此情形下的运动都表现出某种夸张的姿态。

同理，童年时被压抑了爱美的天性和被认可的权利的女孩，其实是一种典型的“被穷养”。她在长大成人获得自由的时候，会用矫枉过正的行为去补偿自己曾经失去的平衡：她放纵自己的物欲实现占有，挥霍自己的人品获得关注，放纵人性中的虚荣贪婪，只为刷得“被关注、被呵护”的存在感与满足感。

一个被“匮乏感”扭曲，在行为上追求过度补偿的人，对“拥有”的理解只是“滥竽充数”地占有，而非“宁缺毋滥”地轻装上阵。“只求占有”的短视注定他们对舍弃与抉择感到恐惧，他们对跟自己有关的低素质的人与事物更具忍耐力，因为这样的人最容易饥不择食，舍本逐末。

因此，他们不求“最好”，只求“最多”。

这样的姑娘，可恨又可悲。她对自己小时候的成长环境无法选择，但却可以选择长大之后的路。幸与不幸的剧本，最终都掌握在她自己的手里。

5.

我们常说女儿要“富养”。现在看来，“富养”包括但不局限于为女儿提供丰裕的物质条件和宽松的成长环境，更为重要的是尊重小女儿作为女人爱美的天性，支持并引导她作为女人实践美丽的权利，使她按照成长的步伐，按部就班地成长为可爱的女孩、美丽的少女、优雅的女士。

这样成长起来的姑娘，既不会轻易妄自菲薄也不会随便自我膨胀，才能成为一名对自我和人生有着通透理解的出色女性。

于是我跟闺蜜有了共鸣，有了更多的一致性，那就是：一定要把闺女从小就富养成体面而美好的淑女。

到底有没有那种“嫁给谁都会幸福的女人”

前几年有一篇很火的鸡汤文，叫作《有一种女人嫁给谁都幸福》。文章的大意是有一种嫁给谁都幸福的女人，这种女人在婚姻中能够做到足够的隐忍克制与高标准的自我要求，比如她们会做菜、会煲汤、会踏实过日子的同时，还会时刻敲打自己“对婚姻的期望别太高，不纠结于小事”。更重要的是她们知趣、识眼色，除了有履行为人妻、为人母、为家庭操劳的职责外，还有“通过培养自己的兴趣爱好等方式转移注意力”的觉悟，不至于让自己过分关注婚姻而给伴侣造成不必要的压力和负担，这样能保持婚姻的新鲜感和神秘感。最后作者总结，这种女人，不管她嫁的是建筑工人还是国会议员，她都有能力让自己过得幸福。

这种思路从某种角度上看，不是没有道理。婚姻中难免有妥协和退让，懂得“且行且珍惜”的女人就像是隽永而坚韧的溪流，用她们的柔韧和智慧穿过岁月的坚硬与无情的岩石，穿过曲折蜿蜒的河道，最终汇入无限包容的大海之中，成为一个传奇。但是“嫁给谁都幸福的女人”这种视点依旧难以摆脱站在“妇德”的高地对妇女进行道德要求和道德审判，而忽略走入婚姻的千万种人有千万种差异性，将形形色色的婚姻问题粗暴简单地“一锅炖”，开出一剂“包治百病”的药方单方面苛责女性为求全婚姻而不断限制和牺牲自我。

可惜，孤掌难鸣的婚姻注定只是一场悲剧的独角戏。哪怕这个足够隐忍克制与足够高标准自我要求的女人努力成为一个恒定常量的最大值，幸福函数的大小依旧取决于感情生活里的变量，那个同在婚姻生活中的男人。

比如同命不同运的朱安和江冬秀。同样是嫁了文化先锋、文学大家的女人，同样是民国时期里大家出身却目不识丁嫁夫从子的传统女人，其生命状态所呈现出的悲喜人生却是截然不同。要说贤良淑德、持家执业、孝敬长辈、哺育幼小，二人真是难分伯仲，都是尽心尽力、克勤克俭操劳的传统好媳妇。但是要说起按照“嫁给谁都幸福的女人”的要求，朱安温良恭俭的隐忍显然更符合标准。

于鲁迅，朱安算得上是贤妻。夫君的冷漠与无视，她不争不辩不反抗，只是默默敬立于一旁，将不打扰的温柔发挥至极。于鲁迅和许广平的厮守，她柔弱温顺、逆来顺受，除了默默流泪，便是听天由命全然接受。对许广平之子周海婴，她也是慈爱怜惜视如己出，绝对的良母。可即便如此，鲁迅依旧对结发妻子辜负至极，一生的冷落不说，这个可怜的女人连临终和夫君同穴的遗愿都未能实现。

对比朱安，胡适之妻江冬秀的彪悍泼辣世人皆知，但胡适却对他的悍妻又敬又爱。江冬秀性格强悍，爱打麻将，胡适不仅从不干预，四缺一时胡适还来凑一角，在公房不合适的时候胡适甚至想要专门买房给太太打牌。文人多情，当江冬秀发觉胡适与曹佩声有暧昧关系时，她直接拿起菜刀大闹特闹，抓起两个年幼的儿子威胁胡适说，要离婚可以，她就先杀死两个孩子然后自杀。吓得胡适连连求饶，赶紧与曹佩声断绝了关系，怕老婆、疼老婆的名声也就此流传，甚至成为文坛佳话。

比如嫁给不同男人命运却截然不同的张幼仪。嫁给徐志摩的时候，她是出身名门的大家闺秀，知书达理、孝顺贤淑，可她依旧没做成那种“嫁给谁都幸福的女子”。这场包办的婚姻注定不是徐志摩这般“现代人士”的心中向往。新婚不久他便抛下她远赴英伦去求学。她收起悲伤足不出户，一个名门闺秀却心甘情愿地围着小家打转，做饭、洗衣、拖地板，希望依靠自己的努力与付出讨好自己的丈夫。可这位浪漫多情的诗人却对自己结发妻子发自肺腑的努力不屑一顾，因为他只在乎他的“人间四月天”。

等到她德才兼备、叱咤商场备受众人敬仰的时候，他对她的感受也只是保持距离的尊敬和寒暄，然后回头温柔对待呢喃呼唤他的陆小曼，哪怕粉身碎骨也在所不惜。张幼仪感叹自己“是秋天的一把扇子，只用来驱赶吸血的蚊子。当蚊子咬伤月亮的时候，主人将扇子撕碎了。”

后来张幼仪再婚，与医生苏纪之在东京举行婚礼，之后共同生活了20年。到英国康桥、德国柏林故地重游的时候，她站在当年和徐志摩居住过的小屋外，感叹自己曾经的岁月情深。1988年，她以88岁高龄逝世于纽约，安葬在市郊墓园，墓碑上刻着的，却是“苏张幼仪”4个字。

其实江冬秀没比朱安做得更好，朱安也没比江冬秀做得更差，才德兼备、经商有道的张幼仪在婚姻中也曾因为爱的负重表现得笨拙又干涩。只不过后两位都费力不讨好地把自己绑架在当时社会舆论对她们定义的社会价值上，试图不断地以牺牲自我和压制自我为代价竭尽所能满足男权社会的既定利益。从而心甘情愿地把自己套死在性别焦虑的枷锁里。其实命运不同的真相，在于她们遇到不同的男人造就不同的命，以及在不同的命下做出不同选择造就不同的运。鲁迅与胡适，虽同为文学巨匠但性格却截然相反：一个是刻薄犀利、疾恶如仇，敢于不屈不挠针砭时弊的文学斗士，自我评价是：多疑悲观的孤僻；一个是温文尔雅、谦和大度，直面争议却温和坚定的鸿儒雅士，口头禅是：不生气、不理他。这俩人性格不同，对待婚姻和伴侣的态度与方式自然不同。徐志摩和苏纪之，一个是追求绯色浪漫的浪子诗人，一个是悬壶济世责任心强的中医世家子弟，对人生的终极追求自然也不一样。

也许指向不同命运归宿的，还是不同性格的不同选择。一方对婚姻的本质哪怕有着再高的觉悟与反省、再多的隐忍克制、再高标准的自我要求，当遭遇另一方的默然懒惰，且缺乏同步的诚意与努力，缺乏爱与尊重的基础时，这场婚姻都会因为一方爱的失衡，而注定成为一潭死水，一局死棋。我一向认同选择比努力重要，你选择的伴侣决定你的生活状态，你选择的生活状态决定你的人生方向，你选择的人生方向决定你的人生命运。而命运，其实就是生活中所有不同选择的叠加。那些真正有着委曲求全的耐心、隐忍克制的定力、柔韧机敏的智慧的人，在这五彩缤纷的大千世界里，与其屈就于那逼仄的婚姻中闷闷不乐自讨没趣，不如不破不立学会放手，把选择权控制在自己手里，不再盲目徒劳地无谓透支自己。

所以，我不打算也不屑于成为那种所谓的“嫁给谁都会幸福的女人”，低眉顺眼地去接受那些所谓的道德要求和道德审判。

作为一个善恶分明、讲究原则且自主独立的女性，若你懂我，相濡以沫便是我最赤忱的心愿；若你不懂我，我则挥挥手作别天边的云彩。宁愿不当那种“嫁谁都幸福”的女人，也决不透支给别人自己给不起的幸福。因为我深知，活得最像我自己的我才是幸福的我。只有幸福的我，才能给得起身边的你真正的幸福。

旧时的女子对既定背景的选择和抗争很有限，新时代的女性也不见得都有起码的性别觉醒。那位在医院殒命的杨女士，一位中国科学院的女准博士，就不管不顾曾经生育失败，且本身患有高血压合并子痫前期、胆囊结石等不适合生育的疾病，为了给有三个姐姐的丈夫家生下孩子付出生命的代价。在丈夫的“悲乎哀哉”中，她也终于实践了“嫁给谁都幸福”的本质：再也没人巴结他一家老小，再也没人给他论文挂靠“吃软饭”的权利，再也没人给他做好早点，再也没人给他做牛做马打点一切……

然而，已逝斯人的千万补偿可以很快闻得新人的笑声和婴儿的啼哭声，毕竟想要做牛做马的女人多了去了。

最可怜的还是杨女士的父母，只能白发人送黑发人。

你若清风盛开，不惧他走

1.

女人一定要对自己有要求，让自己变得更加出众、更加优秀。

你若盛开，还怕蝴蝶自己不来吗？

这话以前我也没少说，但是这次我得慎重。因为这个世界上误导人最深的不是谬论，而是说了一半的真理。比如我们经常说的“以德报怨”，是在教育我们对人、对事要无条件的宽容大度。但是加上后边的那句“何以报德”，那意义可就完全不一样了。

同理，对执着追求幸福的姑娘也是一样。太多鸡汤文字一个劲儿强调渲染“主观努力”的重要性，却无视在客观环境中“选择”的重要性，这其实是一种片面思想。

2.

知乎上曾有个问题很热门：我到底要有多完美，别人才会喜欢我？这是所有自我价值匮乏的人的共同困惑。这话的本质其实就是觉得自己“不配被别人认可，不配被这个世界好好地呵护，除非付出艰苦卓绝的努力”。

所以，那些要你“加倍压榨自己追求卓越才有权利得到幸福”的话其实都是说了一半的伪真理，甚至还不如谬论。结局就是对自己的聪明美丽不自知，却一再信奉不好的鸡汤文，强迫自己持续不断地努力，只不过成为讨好男人的工具，成为祭奠男性莫名自大的祭品，让女性的生存地位和婚姻环境陷入更逼仄的境遇。

回到开头，面对现实。

“女人一定要对自己有要求，让自己变得更加出众、更加优秀”的努力是半句真理，但是一定谨记这句话的后半句：选择永远比努力重要。

也许正如肥肥猫所言：我们不能向生活跪倒，但是要学着和它相处。不要老觉得老天不履约是因为你对价不足，他也许根本就没和你签过合同。

因此,善待自己吧！追求幸福是一个动态的过程，无论你此时完美或者不完美。

可以玛丽，但别苏

200年前，一位叫简·奥斯丁的姑娘用风趣幽默的语、独到的见解写了一部平民女子伊丽莎白和富家公子达西的恋爱史——《傲慢与偏见》而引起轰动。作者以女子特有的感性笔触，借书中一位倔强独立又颇具主见的女子伊丽莎白追寻自我、坚持真爱的故事为主线，主张婚姻应以感情作为结合的基础。

《傲慢与偏见》在世界文学史上占据着重要地位。毕竟在当时男性主义占据绝对优势的英国社会，处于社会边缘的女性作家对世俗的包办婚姻予以巧妙地讽刺和批判，对启蒙当时的女性追随自我、争取独立和自由有一定的进步影响。

但是作者受自身和时代局限性的影响，依旧摆脱不了女性对强势男性的青睐和附庸，带着文艺女青年特有的情怀，演绎了一番乡绅淑女浪漫史。最后嫁了父母双亡，“年收入一万英镑，坐拥大庄园”的达西，实现了作为女人的终极价值。

简·奥斯丁在伊丽莎白身上投射了太多自己的影子：怀春少女生动起伏的小情愫，夹杂文艺女青年倔强的小矜持，在远离社会现实的风花雪月中，被堪称完美先生的绅士达西全盘接受且提供最能撩动女性心弦的情绪价值。可这偏偏是作者自己眼里的男性，是女性自己幻想出来的男性，是女性在用女性的思维和女性谈恋爱，而不是真正的达西原型汤姆·勒弗罗伊。所以作者最终没能像小说结局那般美好，没能跨越现实的障碍，没能与心上人修得美好结局而孤独终生。但是她的小说却成为流传至今的恋爱文。

当《傲慢与偏见》作为经典被传诵了200年以后，跨越封建、工业和信息三个时代的大部分现代女性，早已实现经济独立，但是依旧有人持有弱者心态去逃避社会现实，宁愿选择被驯养、被奴化的命运，也不愿直面女性自尊自立而必须承受的挑战和奋斗。玛丽苏粉丝心态具体的分析如下：

首先，这类女性更容易屈服于贪婪、懒惰等本能舒适区。她们阅历尚浅，对社会运行规律和人情世故的认识过于肤浅，对人性的剖析浮于表面，对事物缺乏独立思考和深入探究的能力。她们渴望世俗的成功，却沉溺于人类本能的惰性和贪婪中不可自拔。

现实中遥不可及的成功在深谙读者心理而顺势讨好的作者笔下，以弱化的情节发展轻易满足粉丝们的认知和期待，而现实中忙碌木讷的男性可以在其中轻易地转化为一门心思谈恋爱、怜香惜玉的完美伴侣。这种虚构的情节本质上是对男权社会下的一种幻想性补偿，试图从虚拟世界中寻求认同和肯定。

其次，男权社会下的女性自我奴化、自我贬低的惯性至今依旧在部分女性的脑海中作祟。西蒙伏波娃在《女人的处境与特性》中指出：

从古希腊到当代，在男性支配下的社会，女性自己也承认，世界就其整体而言是男性的；塑造它、统治它，至今在支配它的仍是男人。至于她，她并不认为对它负有责任；她是弱小的、依附的，这个可以理解；她没有上过暴力课，也从未作为主体昂首挺胸地站在群体其他成员的面前。这意味着她们要毫无疑问地接受男人们为她们制定的真理和法律。女人的命运是体面的服从。

男人生活在一个协调的世界，这个世界是一个可以包容在思想里的现实。女人则在勉强应对一个有魔力的、蔑视思想的现实，通过没有真实内容的思想去逃避它。她不是接受自己的生存，而是在虚无缥缈中对自己的命运这个纯粹的理念苦思冥想；她不是去行动，而是在想的王国中树立自己的形象：也就是说，她不是去推理，而是去梦想。

由于她在男性世界里一无所为，她的思想没有流入任何设计，和做白日梦差不多。她缺乏观察能力，对事实真相没有判断力；除了空话和痴想，她什么事都不能认真对待。洞达事理毕竟不是她的事，因为她一直被教导要接受男性的权威。于是她放弃了独立的批评、调查和判断，把一切留给了那个优越的等级。

尽管时代在进步、社会在发展，回避挫折的磨炼和成长的苦痛，将自己命运的改变完全寄托于自我幻想中的强权男性实现阶级跨越的美梦，依旧是一些看轻自己性别，除了空话和痴想什么事都不能认真对待的女性的专利。她们梦想将人生交给男人，企图依靠出卖顺从的自尊，逃避独立自尊和努力奋斗付出艰辛的潜意识，为“总裁文”大行其道的市场存在提供了合理存在的土壤。

写到这里肯定会有人反驳，如果韩剧是女人的精神鸦片，言情剧是女人的精神鸦片，那么“总裁文”也是女人的精神鸦片，如果这样，那么我们这些真心喜欢透过阅读触摸世界的女性，岂不是就没有渲染共鸣的情感领悟了吗？

常言道，别做梦，别胡闹，了解这个世界的运行规律，然后克服它。

要看参悟人性的，就看李碧华。她看到的尽是他人看不到的心思，对人性有很深的参悟。

要看懂得自爱的，就看亦舒。她对女性在社会立足所应遵循的做人做事的规则的总结，精准得令人敬佩。

要看清醒却又饱含深情的，就看王小波。他看透善恶、看透世态，却对人性的脆弱予以最慈悲的宽容。

为什么很多中国女人不爱装扮自己

1.

朋友说起自己爱美的小女儿，总是哭笑不得。5岁的小家伙天性爱美，被朋友撞见偷偷在家模仿她的样子试她的高跟鞋，还偷偷地用她的化妆品对着镜子打扮，一不小心还把她高价买来的花瓣状腮红打碎。

我们还以为她会为此而生气，结果比起被打碎的腮红，朋友倒是更担心成人用的化妆品中所含的铅或其他化学物质会对女儿有伤害。于是朋友告诉小家伙：爱美的姑娘非常棒。但是大人用的东西里有不适合小孩用的成分，会影响你以后长漂亮哦。

爱美的小家伙听了，马上缩回手，再也不肯碰朋友的化妆品。朋友心中不忍，买了一双适合儿童穿的小跟鞋，还让女儿穿上这双小跟鞋去学少儿拉丁舞，尽情发挥这双鞋子的魅力。

爱美是女人的天性。见到一个母亲这么尊重和呵护一个成长中的女儿爱美的天性，我顿时百感交集。

不久之后，遇到曾经找我帮忙复习英语的女高中生。见到她的时候，发现一向梳着马尾露着额头的她剪了一个最近流行的空气刘海，恰到好处地修饰了脸形，披下头发，人一下子都变得洋气灵巧。乍一看竟然有几分韩国美少女金所炫的气质。

这次遇到她发现她又把刘海梳了上去，扎起马尾穿着肥大的校服，在人流中显得无精打采、毫无生气。我问她，怎么不留刘海了，那个刘海很合适你的。

她很是丧气地说，她刚剪刘海的几天也发现自己变得漂亮和自信了，还专门买了夹刘海的卷发棒。结果被她妈妈发现后大声呵斥，认为她不好好学习，把精力都放在了无关紧要的事情上，不务正业。

我不解，问她：青春期小姑娘的爱美之心怎么就成了

“不务正业”了？

她跟我说：我妈妈说了，朴素美、自然美才是真的美。她说那些浓妆艳抹的女人都不是好女人。

听了这话我下意识地抿了抿自己涂着鲜艳唇彩的嘴唇，很是尴尬。

2.

我的学生是典型的八零后，而这位学生的母亲则是一位六零后，她们是当今中国女性主流人群里两代人的代表。“知乎”上有个问题蛮有趣的：为什么很多中国女孩子不化妆？对这个问题，我觉得改成：“为什么很多中国女人不爱装扮自己”更有意义。

无数次在各大机场的匆匆人流中穿行，看着身边的各色人等，我总是能毫无悬念地猜对同样长着亚洲脸的中年女性的国籍。比起肤色白皙透亮、肤质细嫩水润、妆容得体的日韩中年女性，大部分中国的中年女性是发黑的蜡黄色肌肤，趁着与肤色不相配的发色，不施粉黛大大咧咧地在机场免税店里狂购物。她们为了炫耀自己的一次出国，宁可为亲朋好友们带塞满行李箱的伴手礼，也不一定舍得为自己买上一瓶高质量的粉底液。

曾经的物质匮乏是阻碍中国中老年女性审美发展的重要

因素。

但这并不意味着中国的中年女性本能上不认可化妆。除去化妆水平和化妆品质量的限制，在我印象里她们年轻的时候最喜欢给舞台上表演的孩子抹上白粉，再涂上红脸蛋和红嘴唇，步入中年或老年后参加广场舞比赛知道要比平时打扮得隆重一些。这说明在她们朴素的审美意识里，是认可化妆是一种美好的表达，是一种社交礼仪的，也认可化妆是对别人的一种尊重。

但是在此之外的大部分时段她们是懒于化妆，甚至反感或排斥化妆的。与其说她们排斥化妆，倒不如说她们真正排斥的是一种审美的乐趣，化妆只是这种审美乐趣的最浅层。最典型的就是她们当中有很多人把日常的审美乐趣（尤其是化妆）上升成一种“审美上的耻辱”和“道德上的偏见”，比如那位女高中生的母亲。

说实话，我可以理解稍微年长一点的人认为“浓妆艳抹的女人不是好女人”。毕竟很多人都是从那个物质匮乏的时代过来的，观念里带着抹不去的时代烙印：电影里那些艳丽妖娆、充满诱惑的都是反动派女特务，心狠手辣、误国误民的都是苏妲己。那些勤劳勇敢、善良端庄的，要么是拿着镰刀斧头顶起半边天的女汉子，要么是任劳任怨洒向人间都是爱的贤妻良母。

在这种观念里，好像美就等同于罪恶，爱美的女人都天生自带原罪。但是在我们的传统文化里这种观念并不是主流，比如替父从军归来的花木兰，回家的第一件事情不也是“对镜贴花黄，当户理红装”吗？

所以，很多时候我不能理解那些持有“化妆的女人都不是好女人”观念的女士们，她们从未真正感受到遵从自我本心的健康审美所带来的身心愉悦，也没能体会到追求美丽的过程中带来的自我完善，甚至连化妆品带来的占有满足感都不曾知晓，却能正气凛然地驳斥辩解说：好女人是不屑靠化妆来打扮自己去讨好别人的，女人最重要的是有内涵！

3.

不说这份“内涵”的轻重，先听听杨澜的一句话：没人有义务透过你普通的外表发现你优秀的内在。遗憾的是，不管你认同与否，这都是个“看脸的世界”。每天在梳妆台前看着漂亮可人的自己，你最先讨好的其实是你自己。

随着国内经济的发展和审美的回归，在现代社会化妆不仅是一种礼仪，而且比起其他方式，化妆是女性追求“美丽”见效快速、性价比最高的投入，因为“一支口红”就可以立刻改变你的气色和状态。将自己最美丽的一面展示给世界，世界也同样回馈给你尊重与体面。其实从我身边的两个例子便可以知晓，不同的家庭教育和家庭氛围，造就了成长中的女孩子对“女性美”的认识、认同和认可，影响她一生的审美能力和审美趣味。

一个认同“爱美是女人的天性”的家庭，对女孩爱美的天性是包容甚至鼓励的。只要正确引导，从这种家庭成长起来的女孩会有正常的审美追求。有了健康的审美，那么她对“美的追求”不能理解为仅仅是“肤浅的化妆”，更是日复一日的自我坚持和年复一年的自我克制。“追求美丽”的过程带给她的不仅仅是资源和尊重，还有由内而外的自信和升华。

而不认同“爱美是女人的天性”，甚至对此打压的家庭，会扭曲女孩对“美丽”的认知。动辄将“爱美”与“不务正业”放置在一起，本质上是将“爱美”的天性扭曲成一种“罪恶”的观点，使得女孩子的“爱美”天性背负上莫名的自责和内疚，甚至连生理的自然发育都让女孩有着丢脸的羞赧。以压制自我本性为代价换来无谓的自我否定和审美停滞，成为新一代有着“审美上的耻辱”和“道德上的偏见”的受害人。

反正我是不知道现在依旧鼓吹“自然美”和“朴素美”的提倡者对不施粉黛的素颜有着怎样的自信，毕竟女明星们美成那样都要扑个粉底才肯出门练瑜伽。审美的提升是一个不断积累、不断提升的过程，一个能正确引导女儿审美观念的家庭，是不应该让她们的青春在此留有遗憾的。

我们不妨“花开堪折直须折，莫待无花空折枝”。

那些沦为“活彩礼”的姑娘们

最近大火的电视剧《女医明妃传》，讲述了在男尊女卑的时代里，一个女子在封建礼教压迫下执着追寻自我价值的励志故事。除去男女主角的高颜值、高人气，这是一个女性对“自由与平等”的执着追求。女主人谭允贤凭借对医学的痴迷和热爱，克服重重困难，开创并建立女医制度，最终成为一代女国医。

电视里的谭允贤悬壶济世，还有着三个位高权重的人的庇护。可惜依旧前脚不辞辛苦治好患者，后脚就被治愈的患者破口大骂：你是个女人，做得哪门子大夫，真是晦气！

身为女人，倒成了一种原罪。

不过，这部电视剧被现代女编剧写出来拍给现代女性观看，说明它满足了现代观众的精神需求。显然，编剧和观众都有一个先入为主的观念，即认为现今中国女性的地位与剧中女主人公身处的境况相比，早已是云泥之别，所以才会站在制高点，带着些许优越感去审视女主人公在剧中为争取“自由与平等”所遭受的苦难与挣扎。

可是，现今我们真的有资格去俯视和评判“谭允贤”吗？2016年年初时的几则争论，给了我们当头一棒。

先是轰轰烈烈的“3000万适龄男青年沦为光棍”的重磅消息引发的讨论。但人们显然对就此引发的“为何农村彩礼居高不下”这个话题的关注度，要明显高于性别严重失调即将引发的危机，如社会不稳定因素增加、犯罪率攀升。

这个时候，肯定会有人高声抗议：反对高价彩礼！反对物化女性！

“天价彩礼”能在存在的地方存在，那就自有它的道理。央视《陇东婚事》就揭示了这么一个现象：在女性资源稀缺的地方，“天价彩礼”是一件愿打愿挨的事情。原先为了所谓的“传宗接代”，家家户户都争着、抢着生儿子。结果现在男多女少，按照“供需关系”，抬高了彩礼的门槛。东家娶回的西家女儿所支付的高价彩礼，被用作西家的父母为这个女孩的兄弟去支付迎娶南家媳妇的礼金。儿子越多的家庭，举债越多，被光棍的可能性也就越大。

这时候，女性资源稀缺带来的恶性循环，波及家家户户。女性资源的“稀缺”并没有真正让女性地位得到提高，反而进一步恶化。女孩儿们的价值依旧依附和服务于男性，成为她们的兄弟即将支付的“活彩礼”，沦为这些地区性别交换和繁殖的工具。

在一些农村地区，在外地打工回家过年的女孩子一个假期要密集地相亲近百次。房、车、三金及定额的彩礼，都已经是标配。只是这定额彩礼的等级，则是根据女孩的姿色相貌及自身条件等被划分为不同等级。就好比屠宰场里越是皮毛鲜亮、汁肥肉厚的猪，越是能卖个好价钱。有报道说某村划分彩礼的标准是——学历，即按照女孩的学历支付相应的彩礼：本科15万元，大专12万元，中专10万元。

这种“彩礼阶梯”的出发点，据说是基于女孩离开娘家嫁到婆家来能给娘家人带来多少补偿与安慰。娘家在女孩成长中投入的成本越多，越是要用多的彩礼作为补偿。

你以为这是赔本的买卖，其实相反。首先，女性素质对家庭生活、对后代成长的影响，早已举世公认，无论是乡村还是城市。其次，过去的女性被认定只有家庭属性价值，即打理好家庭事务和完成生育任务。而现在，女性除了有原先必要的家庭属性价值，还有社会属性价值，即女性要像男性一样走入社会成为劳动力为家庭贡献物质，甚至成为贡献家庭收入的顶梁柱。

这才是部分地区女性学历和彩礼比例正相关的“真相”。

那是不是这些女性“卖了”自己帮兄弟娶回媳妇，打理完家务和完成生育任务的同时还兼顾好养家糊口的任务，不看功劳看苦劳，就能赢得一丝该有的尊重了呢？

不是。前些日子新闻报道说：一位新婚的女子同丈夫返乡回家过年，辛苦地做了一桌子的菜后，才发现根本不让女人上桌吃饭。气得这位女子当场掀了桌子表示愤怒与抗议。结果那位出身农家如今衣锦还乡的丈夫立马指责这位女子“少见多怪”，没“规矩”。

他说：这种“规矩”使得家族“像个人家”。有资格坐在饭桌吃饭喝酒的人，承担着养家糊口的重担。如果让他丧失了这个能力，如果他得不到妻子的信服，整个家庭就会变得黑暗。只有遵守这个“规矩”的家庭，才能“人丁兴旺”！

别惊讶，这种“直男癌”的双重标准存在得理直气壮。他们一方面希望女性可以在当今竞争激烈的社会成为支撑物质基础的“半边天”，帮他们减轻供养家庭的经济负担；另一方面又希望自己的伴侣可以三从四德、以夫为纲，保持被动无知的德行，成为自己背后的女人，为自己、为家庭无怨无悔地付出。

比如，某新闻就可以大言不惭地大肆宣扬报道：陪父母过年，男人比女人更孝顺！这个结论源自一个网络调查：三十多岁的男性春节回家：陪父母旅游、陪父母购物、陪父母看电影的次数，每一项都高出女同胞两倍。仅仅凭借一个不严谨的网络调查，以春节期间"是否给父母花钱"作为依据，就给女性扣上"不孝"的帽子！

而这条新闻掩盖不住的，依旧是对女性权利的漠视与对女性的偏见。那些要了面子又要里子的"直男癌"在道德上沾沾自喜"孝字当先"的时候，为何不扪心自问一下：受缚于传统观念背景下的女性，是否有权利决定在过节时回娘家的时间多于回婆家的时间？社会上性别歧视造就的"同工不同酬"，是否允许女性自由支配过节费用的去向？

我一向认为，夹缝中求生存才是最痛苦的事情。

要么完全的懵懂无知，无知者也好无欲无求；要么彻底的文明开化，经济基础和上层建筑健康统一，正视女性的自我价值与劳动贡献。当今中国的女性地位，恰恰是夹缝中最为痛苦纠结的时刻。社会化大生产和现代文明的发展将女性推上了社会的舞台，承担着社会职责去实现自我，而女性自身的生物属性让她们不可能回避孕育后代和照料家庭的职责。

所以说，追寻性别平等的道路依旧任重而道远。

付出全部自我的女人，最不该

1.

我有一个特别善良、总是无私奉献的亲戚。

她家不富裕，但是对于客人，她从来都是盛情招待。摆出的水果都是当地很少见的高级热带水果。但是却只有几个，刚刚够招待客人。

她会提前去菜市场买好一桌子的菜，依据客人口味用心备上。她忙乎了一上午准备的一桌好菜，却总是最后一个上桌吃。桌子上的烤鸭、龙虾和螃蟹等好菜，她是绝对舍不得吃上一口的。

客人离去的时候，她会送下电梯又送出小区，最后看到客人坐上出租车才安然返回。然后赶回家去，独自一人洗着油腻腻的碗碟。

她出身清苦，父母生了8个孩子，她是大女儿。从小就像小大人一般帮父母带大了一帮淘气的弟弟妹妹。在那个艰苦的年代，受制于匮乏的客观环境，她一直被压榨并配合着向别人无止境地付出和牺牲。

于是，从那个时候她便有了这样的意识：只有付出，才能幸福。

2.

很多年过去了，她也终于过上了好日子，但是却习惯了无止境地压榨自己去付出。付出对于她而言不再是因为物质贫乏而不得已的行为，而是她博取心灵平衡和安全感的来源。

她习惯了为孩子和丈夫担忧与纠结生活中的一切挑战和挫败，却受制于自身的局限给不了实际的建议和帮助，以至于在无形中加重了她的愧疚感和自责感。但是她却又隐隐觉得她的这份担忧和纠结对自己心灵上的折磨是必要的，因为这样上天才会减轻自己至亲身上原本守恒的业障。

她习惯了一辈子都以别人为中心，仿佛只有像一根蜡烛一样燃烧掉自己，成为一个对别人而言“有用的人”，才能证明和实现自己的人生价值。

她越是这样越是不习惯付出后对等的回报，对他人善意的回馈诚惶诚恐、战战兢兢。

比如，儿子买了新款羽绒服给她，本来想让她高兴高兴，但是她知道价格后却愁眉苦脸的。

儿媳妇在国外买了点心带给她，她不舍得吃锁到箱子里直至过了食品保质期。

女儿要带她去温泉度假，她却觉得自己不合适去那样的地方消费。

在她看来，卑微的付出才是常态，一切与安享他人付出挂钩的行为，都是对自己人品的一种消耗和透支。一切给予和接受的背后，都隐藏着无尽焦虑和对未来不可知的惩戒。

她本能又质朴地祈求着的客观现实，并不因她的主观愿望而变得更加美好。儿女们小心翼翼地保护着她脆弱的心灵，习惯了向她报喜不报忧。

她察觉出了儿女们的渐渐疏离，却固执地认为是因为自己付出得不够多，才使得彼此间的距离越来越大。

3.

说实话，我感觉她很累。她的奉献如同丰碑一般完美，自我的存在却干瘪得可怜。我心疼她，跟她说："其实你只要好好爱自己就足够了。她似懂非懂，不置可否。"

几乎所有的人，都称赞她是一个好母亲、好妻子，一个善良的人，但是她却活得卑微、寂寞又枯燥。可悲的是，中国社会至今都歌颂和传颂着女性这种没有自我的奉献型精神，并以此为荣，且极其容易被洗脑。

其实，一个女人毫无保留的付出与其说升华成一座丰碑，不如说是在迷失自我的同时绑架了他人，结果很难像电影那般完美讨巧。心理学家武志红就曾说过：一个失去自我的人，其实就是失去了与自己的链接。

假若一个人失去了与自己的链接，就会拼命与别人去链接，别人对于他们的重要性，将远远胜于自己。对于这一点，他们会说是"因为我爱你"，但这种爱常是幻觉，她们失去了与自己的链接后，将别人当成了自己，失去亲密关系，就意味着失去自己。一个在某一刻失去了自我的人，特别容易把自己爱的付出方当成了他自己，而将自己的生命重量挂在了对方身上。

只是生命本来就沉重，承担两个人的生命之重，任谁都会觉得苦。

亲密关系需要有一个合适的距离，且要时刻保持与自己的链接，这是拥有高质量的亲密关系的关键所在。

那些透支自己的奉献的人，本质上是源自于爱中的匮乏。从匮乏的爱压榨出来的付出，是对自己的一种反噬和损耗。

“圣母”最苦情，根本原因就是双方爱得不对等，彼此都被亏欠的自疚所绑架，久而久之情感能量失衡。最终的结果，只能是一方承受不起落荒而逃，另一方继续拼命压榨自己加大投入成本。

我那位善良朴实的亲戚已经到了天命之年，我知道，她的三观已经定型，跟她说些爱自己之类的话效果有限。

但是我依旧希望那些从未将目光停留在自己身上的传统女性，可以把目光放在自己身上，毕竟自己才是其人生的主角。希望那些从小在无私奉献精神中熏陶长大的女孩子，可以深刻地体会“多爱自己”的含义。

世界上多些“自私”自爱的女子，才能多些健康丰腴的爱。

不倾城，不倾国，倾其所有爱自己

取 悦 你 自 己 ， 才 是 正 经 事

如果不能更好地做自己，分开是最好的选择

某女明星宣布离婚了。她说自己不是一个贤妻，忙于事业而忽略了家庭。即将成为她前夫的那个人也发声：双方因为兴趣爱好不合好聚好散。

旁人看得一片唏嘘，但是我却觉得，这是一个不错的结局。因为，一段感情，如果在一起的时候不能让彼此更好地做自己，那么分开对双方都是最好的选择。

热恋时无视对方的一切缺点，后来她受伤，他们的关系没有离开公众的目光与娱乐记者的镁光灯，同情的心态与身

为公众人物的道德绑架让他选择患难与共。命运的喧嚣与浮夸让他们疲于应对和奔波，无法冷静下来正确审视彼此。

等到浮云散去，生活逐渐归于平静。顺遂的生活让双方开始有更多的时间去思考独立存在的意义。

相爱容易，相处难。

一个娱乐圈艺人，一个律师。不同道路的两个年轻人曾因为爱情有了短暂的交集，但是最终却发现相爱的步伐跨越不了差异的鸿沟。她喜欢一切粉红色的事物，他却思维严谨求真务实。她天真活泼，喜欢狗，将其视为家庭成员；他却对狗过敏，对宠物敬而远之。她喜欢时尚热闹的娱乐圈，他却只对时政经济感兴趣。她喜欢逛街购物，他却只喜欢去书店。她像所有陷入爱情中不能自拔的小女生一样，有着酥软的感性和不安，他却固执地认为她是在浪费眼泪。

人们都说，爱是包容，是妥协。于是她开始学着做“一个贤妻”。她学着洗手做羹汤，学着从任性的歇斯底里变成心平气和地沟通与谈判，学着收敛自己的小女孩脾性不强求所谓的“浪漫”。他前脚说他的婚姻生活只剩下了形式，她后脚回应媒体，身体正在康复中，恢复之后立马生子。

但是她却发现，自己的改变与妥协并没有换来对等的关系，而且还让自己变得很不快乐。为了奢求一段感情的完整，她所有的精神重心向他倾斜，自己的生活轨迹也完全迁就对方。她变得迷茫与疑惑，失去了自己的主见，丢掉了自己最引以为豪的东西，变得完全不像自己。

但是他却没有认同她的努力、她的改变，没有如她所愿地给予她所期待的回馈。如此以往的恶性循环，让她的失望与怀疑一再积累，他的压力也与日俱增。当一段感情因为差异与失衡失去了最初的美好，只剩下独自埋单的寂寞和永无止境的自我怀疑，那么还有继续的必要吗？

张小娴说：“好的爱情使你的世界变得广阔，如同在一望无际的草原上漫步。坏的爱情使你的世界越来越狭窄，最后只剩下屋檐下一片可以避雨的方寸地。好的爱情是你透过一个人看世界，坏的爱情是你为了一个人舍弃世界。”

我们总以为爱是恒久忍耐，是日久天长的好事多磨。可是最后却发现，为了维系一段关系，就算磨平了自己所有的棱角，拔掉了自己身上所有的保护刺，带着浑身的伤痕，依旧不能填平爱的鸿沟，也不能同化双方对爱的理解。最初他喜欢的是有着鲜明个性的自己，而现在，这个自己已经妥协到不复存在。

这时才醒悟：不合适就是不合适，合适的人爱起来根本不会这么累。

既然在一起的时候不能让彼此更好地做自己，那么分开对双方都是最好的选择。所以她说：“当夫妻的我们，真的不快乐。硬是要改变自己、改变对方，我们都没有办法。我们愿意正视问题，面对问题。”

我爱你，但是我更爱我自己。我不要束缚，不要缠绕，不要占有，更不要从你身上挖掘到意义。我们要我们并排站在一起，看着这个落寞的人间。

如此，才安好。

不懂得让伞给女生的男子，到底会不会注定孤独一生

1.

最近被“知乎”上一个“科大男生该不该让伞给女生”的话题刷屏。楼主是电子科大的一位女生，这位女生在网络上抱怨说，她和另外两个女生回宿舍的路途中突遇大雨却没带伞。10分钟的路途中她们遇到很多擦肩而过的科大男生，但是这些男生却眼睁睁地看着这三位姑娘在雨中淋成落汤鸡而无一人出手让伞。最后快到寝室的时候，终于遇到一位陌生的姑娘好心让伞。楼主抱怨同校的男生连起码的“浮于表

面的”绅士风度都没有，从而愤愤然定论：

这些没有女朋友自己情商太低还整天抱怨女生少的汉子定是“注孤生”（注定孤独一生）。

这个话题经过发酵立马引起一片哗然。网络上很多人非但没有与该女生同仇敌忾，反而都在指责该女生用“弱势性别”来为自己想当然的想法背书：对于非亲非故的陌生人，别人帮你是情分，不帮你是本分。如果你们真的需要，可以直接明说啊！明说的话，一般的男生都乐于让伞给女生，这正是体现他们男子汉气概的时刻。自己不说还想让别人猜透你们的心思主动让伞，这是矫情的“公主病”，要治！

2.

这让我想起我刚上大学的时候，那时也曾发生过一件类似的事情。作为尊师守纪的好学生，我和室友一般都会早早来到教室坐在前排端端正正地听老师讲课。唯独有一次我和室友因故晚到，教室里早已坐得满当当，只有靠后还剩几个座位。我们急于找到位子坐下，想也不想就坐到了后排仅剩的三个位子上。我们三个人一排坐下，与挨着临近的男生正好坐满一排。

结果让我们极其窘迫的事情发生了，我们坐到这排座位的同时，旁边的两个男生就起身离开了座位，脚步直奔教室门口，一溜烟地走了。因为动静太大，吸引了不少好奇的目光。

这让我们三个女生窘迫不已，遇到这样被同龄异性莫名其妙“排斥”的情况，我们觉得自己是“被嫌恶”“被厌弃”了，自尊心受到了伤害。

那节课我们都没有上好。我们无法抑制自己敏感脆弱的心，从上到下、从里到外好好地审视了一下自己，觉得自己颜值不高不低，性格低调温和与人为善。关键是我们和这两位男生从未有过交集，真是找不出莫名被“嫌弃”的理由。

我们对他们的礼貌教养给予必要的差评之后，从此对那两个男生满是愤愤然。偶尔一个教室上课遇到时，我们会报之以不屑的眼神，以报之前的被“羞辱”之仇；若是在楼道擦肩而过，10米之内皆是寒气。对这种浮于表面的“绅士风度”都没有的同窗，我们对其抛去的不屑和鄙夷，丝毫不亚于前文没有“被让伞”的姑娘们。

3.

结果冤家路窄。一年以后，我们之中那个最温柔美丽的姑娘与那两位“非绅士”中的一位男生在一次社团活动中不打不相识，从狭路相逢的对峙一路逆转至花前月下。让我们大跌眼镜。

结果这么一来，我们也渐渐和他们热络起来，发觉他们可能有些许的木讷、无趣和不解风情，但却为人谦和、真诚且乐于助人，没有我们想得那么罪大恶极。

大家有一次一起聚餐的时候说起那时的事，两位男士先是诚挚地表达歉意，表示当时根本没想到会给我们造成这么尴尬窘迫的感受。他们说现在反思当时的举动，还是因为那个时候初来乍到同女生打交道的机会不多，不知道怎么与女生沟通，有些害羞。

突然间三位陌生的女生猝不及防地坐在旁边，顿感空间狭促。手脚无措之余觉得浑身不自在，根本无暇顾及自己无礼的行为会造成什么样的误会与后果。只是被害羞的窘迫与不安笼罩着大脑，只能逃逸一般地跑掉了。现在想想，还是自己修养不够，眼界局促，格局太窄，才会在女生面前这般无礼与粗暴。

4.

这个美丽的误会被坦诚地解开后，我们心中最后一丝不解的愤懑也因将心比心而烟消云散。我常想，是不是很多人，在窘迫的青春时代都会对异性带着一丝敏感的倔强，一丝害羞的倔强，一丝故作不屑的倔强？年轻的我们一边期待可以在异性眼中保有一个端庄美好的印象，一边却带着傲慢释放着我们固执的偏见，以及带着骄傲的敏感希望被对方无条件理解。唯独欠缺的，是心平气和地交流与沟通。

那道知乎上的问题，被很多科大男生这样回答：

“我们不是不想送伞，而是不敢送伞。怕被女生误认为有所图而被拒绝。”

“三个女生分开淋雨，被科大男生送伞搭讪的概率会大增。三个女生一起走，以我的经验，他们是不敢去的……”

“我怕我送伞会被说成：他其实还是有想法，不然主动凑上来干吗？”

“如果你不想被拒绝，最好的办法是先拒绝别人。所以我还是别去了吧。”

“如果对方主动开口我肯定义不容辞让出雨伞。但是人家都没开口，我还是不要自作多情的好……”

这不，需要帮助的女生明明渴望关心，却释放着回避与排斥的气场，进一步加深了她们对“科大男生缺乏风度”的怨愤心理。

关注到三个不带伞淋雨的女生的科大男生不是没有，但是他们多数屈从于自己敏感的窘迫，生怕“自作多情”的表达失了分寸，最后选择了失了风度地匆匆而过与视而不见。

一方不肯把自己的需求用善意的语言表达出来，另一方则不善于甚至不屑去正确地表达出自己的心意，双方沟通存在着理解上的偏差，引发误会是必然的。就像《傲慢与偏见》中所言：

要是他没有触犯我的骄傲，我也很容易原谅他的骄傲。傲慢让别人无法来爱我，偏见让我无法爱别人。

5.

现实中的傲慢与偏见，是成年人的全能自恋，是情感认知中的巨婴心态：我无所不能，你当然要按照我的来；我无所不能，所以我能满足你的一切要求，如果不能满足你，那一定是你的问题。

在科大事件中，女生觉得男生要有绅士风度，所以应该按照我要求的来给我让伞，哪怕我不说；而男生则认为，我可以让伞给女生，但是我不让伞是因为我怕女生会拒绝我，所以我不让伞是女生的错。

那么说到这里，不懂得让伞给女生的男子，到底会不会“注孤生”？

不会，而且肯定不会。

这些科大的骄子们都是将来建设国家的主力军，未来中产阶层的主要构成部分。他们大多数人在择偶阶梯的中上阶层，遵循着自身生理与心理的需求，以及社会传统家庭责任的要求而按部就班地婚恋。

只是进入婚姻的围城，并不意味着“从此王子和公主幸福地生活在一起”。挥之不去却始终没有自我意识到的“巨婴心态”，将会在漫长琐碎的婚姻征途中，时时刻刻磨损着婚姻的耐心与质量。无论男女，皆逃不过。

其实，很多时候我们在表达对“淑女风范”“绅士风度”的欣赏与向往时，我们将其归结为教养、视野、格局等综合素质，唯独忘了将“爱的表达能力”归纳其中。

你要娶的是新娘，不是“小妈”

中国汉字真是博大精深，比如小雪就突然意识到“新娘”一词的背后含义。打开百度百科，能查到的“新娘”释义如下：

娘，即女子。新婚夫妇的妻子被称为新娘。结婚前的女生称为女孩，结婚后称为女人，而结婚这一天是第一次的改变，故称为“新”。按照这个解释，身为“新娘”的妻子在婚姻中与身为“新郎”的丈夫是身份等同的伴侣。

但是在我们看来，“新娘”显然还有另一层含义。

关于这个话题，小雪最有发言权。她说：她和她先生谈恋爱的时候，男友上下班准时来接送；吃饭约会，吃遍市内大大小小的餐馆；平时的娱乐项目，不是散步、看电影就是逛街或郊游；就算是去对方家互访，也受到对方父母热情而细致的款待。

总之没进入柴米油盐的恋爱气氛，都是不沾世俗阳春水的美好生活。

结婚那天，婆婆看着儿子成家百感交集，轻轻地把儿子的手放在小雪的手上，泪眼摩挲地说了一句：我把儿子交给你了，以后好好照顾他。

小雪顿时错愕不已。身为新娘的她猛然发觉，原来在婆婆的意识里，儿子就是一个长不大的孩子。结婚就是“新娘”接棒“老娘”成为男人成家之后的新任“看护人”。需要从照顾了他30年饮食起居的“老娘”手里，交接给她这个“新娘”继续传承这种对儿子无微不至的“呵护”。

其实认识小雪婆婆的人都知道她是个朴实的人，她这么说并不是己所不欲而施于人。作为相对保守的老一辈，婆婆“男尊女卑”的思想深入骨髓，她自己就是这么任劳任怨地围着老公儿子辛苦了一辈子，所以觉得理所当然。

过去，像小雪婆婆这样的传统女性，一直都在被伦理道德束缚，因为她们的牺牲奉献符合男权社会对女性的自我价值的需求。家庭内部的劳作虽然繁杂琐碎重复性高，但是却不被承认与尊重。

经济地位的缺失导致过去的女性社会地位是从属的依附关系，她们不得不将所有的人生理想都寄托在丈夫和孩子身上。丈夫可以用“在外挣钱养家”的理由回避家务劳作，孩子则被寄托希望好好学习，不碰家务更是理所当然。

即使机器化大生产已经解放劳动力200多年，不少经济独立的女性依旧无法从繁杂的家务中解脱出来。

网上那个很火的视频“你的样子，就是你女儿未来老公的样子”说的是在同样男尊女卑的印度，一个已经老去的父亲，看着忙昏了头的女儿成了独自身兼保姆、妈妈、员工、妻子等多重身份的“女汉子”，不仅要做家务，还要工作和照顾孩子。

而女婿却在一旁气定神闲地看着电视、喝着咖啡、玩着电脑。

这位爸爸五味陈杂，内疚不已。因为他自己年轻的时候，也曾经和他现在的女婿一样，对妻子为家庭付出的一切视若无睹。等到这个原生家庭根深蒂固的观念影响了他的下一代，他站在父亲的角度，才发觉自己心疼起像无敌超人一样全能付出的女儿。

可是无论是安然在旁享受的女婿，还是忙得焦头烂额的女儿，都对自己的境况理所当然得近乎麻木。

于是，象征着陪伴与责任的婚姻，成了许多女性的独角戏。这场独角戏成就了无数婚姻中的假性寡妇、假性单亲母亲。她们苦苦在婚姻中独自支撑者家庭的运转，独自承担起照顾家庭的职责。

可在她们的丈夫看来，这些家务并不需要费很多工夫，他们回家只是把鞋一脱便打开电脑玩游戏，只知道家里的地板永远是干净的，饭菜永远是按点就能端上桌来的，衣柜里的衣服永远都是叠放整齐即穿即取，家里的卫生纸（洗发水、香皂）没有了只需大喊一声：老婆，卫生纸（洗发水、香皂）没了……

他们不知道夜里无数次起床给孩子喂奶、换尿布的辛劳，他们不知道每日洗衣做饭的烦琐，他们不知道每次从工作奔波到家庭的操劳，他们更不知道堆积如山的家务活做起来永无尽头。

对此，他们则是永远的“双重标准”：在需要逃避时是在“老娘”的呵护下对家务劳作一无所知的“巨婴”，在需要彰显自己男性主义时则搬出自己“对家庭的经济贡献”，用“我在外边拼命挣钱还不是为了这个家”的理由来寻求存在感。

当然，问到择偶标准的时候，他们会说：我喜欢独立的女性。他们的父母则会嘱咐他们，找一个“工作稳定”和

“会持家”的女生。对于大多数普通阶层的男性而言，他们深知，在现代社会自己一人的薪酬是不足以承担一个小家庭日益增长的物质需求的。

可往往越是试图压榨完女性一切剩余价值的男性，背叛起婚姻来越为彻底。因为这一切都来得毫不费劲，自己在婚姻中的投入少之又少，背叛婚姻的成本实在太小。

这让人不禁思考，这场对女性史无前例的苛责与压迫到底源于何处？

不是所有的父亲都能像那个视频里的父亲一样及时醒悟。而现实中再正常不过的情景是，女儿的父亲心安理得地享受着妻子的一切付出，从此在女儿的心里种下一颗卑微的种子。这个卑微的女孩成为母亲后，按照自己原生家庭的样子奉献自己的一切，生养出一个像自己父亲一样心安理得的儿子。然后这个卑微的母亲，引导着自己的儿子，再去寻觅一个像自己一样卑微奉献的女孩。

卑微的传承，就是这么可怜又可恨。

爱是付出，爱是回报，爱是相互间流动的平衡与回馈。

那天，我去小雪家串门，发现小雪家里忙里忙外的大厨居然是她那被婆婆一再叮嘱“照顾好”的老公。我问小雪，这是太阳从西边出来吗？

小雪笑笑说：“我家太阳天天都从西边出来。结婚那天我正错愕不已的时候，我家先生突然对婆婆说，我们会好好照顾彼此、支持彼此的，您放心吧。”

这不仅仅是简单的圆场，也是小雪先生的觉悟。

这时，我的庆幸也变成对小雪的祝福：本来嘛，男人结婚要娶的是新娘，是妻子，是伴侣，唯独不是“小妈”。

那些自诩“懂得爱情”的人们

前些日子，有个姑娘向我倾诉她曲折的爱情，如泣如诉之状，令人动容不已。

她说她和男朋友一见钟情，难得的是俩人志同道合，越是相处越是在彼此眼中不断加分。男友比她大9岁，聪明稳重、善良踏实，是非常不错的结婚人选。他们在一起时感觉特别开心 。

但是男朋友唯一的缺点就是性情有些优柔寡断和懦弱无主见。恰恰是因为这个性格上的弱点，两个人出现了一些难以调和的矛盾——“那个女人”。

她说，正是揪住了他的性格弱点，“那个女人”天天寻死觅活地纠缠他，动辄一哭二闹三上吊。他被吓怕了，怕那个女人想不开真的闹出人命来，已经暂时切断了同自己的联系，俩人关系进入冷战状态。

然后这个姑娘一把鼻涕一把泪地问我，你知道有情人不能成眷属是什么滋味吗？你知道那个女人有多可恶吗？人家根本就不爱她，她自己还恬不知耻地苦苦纠缠拿命威胁别人，不懂得为自己留点尊严！这种人根本不懂什么是真正的爱情！

听到这种爱而不得的恋情我也唏嘘不已，于是对姑娘说：你真是护“郎”心切，但所有问题都推给“那个女人”有些片面了。同时和两个女人纠缠不清，这个男人本身就有问题。

我又问了句：“那个女人”是他的前女友吗？

结果姑娘回答：不是前女友，是他老婆。

我懵了一下，然后反应过来：原来这姑娘是个第三者！我一开始以这位姑娘先入为主的倾诉为标准，信息不对称，还以为这位姑娘是受害者，立场自然站到这个姑娘的主观情绪上来。

厘清这层关系，我问她：你不觉得插足别人的感情，却把自己当成受害者，无视自己的行为对别人造成的伤害，不是一种体面的行为吗？姑娘说：我不觉得我是第三者。我倒认为爱情中那个不被爱的才是真正的第三者。你是不知道“那个女人”有多无趣、多烦人，只知道无理取闹和歇斯底里，难怪男人不待见她。

我叹了口气，找了个借口结束了这段对话，同时感慨现在的出轨俗套到没有新意。“无趣”“烦人”“无理取闹”，早已成为男人向第三者吐槽原配的高频词。这是男人为达到目的，满足欲望的一种策略性示弱。

这种示弱的本质，是将所有尖锐矛盾的问题全部抛至原配身上，夸大自己的无助感，取得第三者在情感上的信任和同情，同时能在伦理道德上减少自己的愧疚感，“合情合理”地将背叛进行到底。

关键是面对这么愚蠢的谎言，这些在爱情中昏了头的女子，都有一种不可思议的谜之自恋：永远相信“他最爱的人是我”，永远相信自己会是那个例外，不认为自己才是爱情世界中多余的那个。她们对男人们的谎言不仅深信不疑，还自欺欺人、助纣为虐地帮他们开脱解释，巴不得这满纸荒唐的谎言更加真实、更加合理。

在这些情感自恋狂的主观世界里，总觉得自己才是全宇宙的正中心，只有自己才配拥有最醇厚的酒、最浓烈的情、最深刻的爱意及最深沉的爱人。爱情中最受伤害的一方，无故被背叛还被倒打一耙的原配们，反而成为衬托自己感天动地的爱情舞台剧里的配角。

这种逻辑让她们不自觉地美化了自己，把自己“插入他人情感关系”的令人不齿的行为视为“追寻真爱”的“勇敢”。而他人被背叛的痛苦和落魄，反而成为反衬她们独特魅力的参照，是衬托自己在爱情属性的垫脚石。

我为什么从来不偷看伴侣的手机

我为什么从来不偷看伴侣的手机，因为我从来都是光明正大地看。

看了半天，索然无味，便懒得再看了。再往后，我变成了别人眼里的“从来不偷看伴侣手机和隐私”的模范老婆。

于是，他有了空间，我保持了优雅，我们之间很好地维持了所谓的“界限意识”。

可是，这样的我，在我的前任眼里，形象恰恰相反。在他眼里，我是那个时时刻刻盯着他手机隐私，心心念念觊觎着他社交软件，动辄连环电话的泼辣少女。

那种患得患失的迷茫感，那种风声鹤唳、草木皆兵的精神状态，以及随时处于争吵备战的状态，成为我这辈子最失体面、最失自我的黑历史。

我曾经很赞成过度干涉伴侣隐私是优雅女性最不齿的行为，自信满满于自己作为现代女性的开明大度，无条件相信对方对这段感情的忠诚。直到我无意中看到了他手机上闪过的一条暧昧短信，才发现高估了自己感受的耐力。

我倒是真希望他能填补自己狡辩里逻辑的混乱，压得住自己气场上的心虚，哪怕把我塑造成一个无理取闹、歇斯底里的泼辣女子，也有足够昂扬的正义和底气，维护自己一身的清白。

可是他没有。

他只能目不相视，然后词不达意地辩解，最后逻辑不通到他只能靠恼羞成怒质问我对他的信任何在，来结束这场尴尬的对质。

我选择了自欺欺人地自责，开始谴责自己的狭隘肚量，谴责自己肤浅的信任，谴责自己的胡思乱想，谴责自己的不淡定和不从容。

他能够伤害到的人，都是爱着他的人。他能骗得过的人，都是选择相信他的人。

谁也不会每天没事拿着别人的手机专门找茬，但是偏偏就在我能看到的时候，总是能捕捉到一些蛛丝马迹，总是有超出正常异性友人日常问候的缱绻记录。总在说忙的时候有大把的时间同别人从诗词歌赋谈到人生哲学。

我佩服上天赐给女人敏锐直觉天赋的同时，悲哀自己流成河的眼泪。

我当然知道患得患失是多么得不可爱。

实在参不透的时候，问过一个在爱情中活得“淡定从容”的闺蜜：你是怎么做到从来不看他的手机的呢?

她没有搬出那些好为人师的老生常谈，回答简单直白：看了半天，索然无味，便懒得再看了。

一朝被蛇咬，十年怕井绳。爱情从来不是一个人的事情。我为我的安全感缺失抱歉，但是它并不是毫无来由地缺失。如果信任满额没有被透支，谁也不会无聊到自发自觉地患得患失。

我真的不想质疑他对异性的绅士风度，但是在我眼里对比他曾经面对自己女朋友迷惘的不耐烦，这种对陌生异性的态度显然有些殷勤得多余。

我很想相信他不接我电话确实是因为工作忙碌正在开会，但是想到之前他曾用同样的理由敷衍我其实是在单独叙旧别人的先例，我发现自欺欺人是一件很难做到的事情。

我也很想开明大度地定义那些非亲非故但是缺乏界限的异

性情义，但是我发现他对“界限意识”的模糊定义，其实只是建立在满足个人私欲的双重标准之上：他可以践踏界限去释放他多余的关怀，也可以用界限权当隐私为自己找借口。

当然，那些外强中干的大道理这个时候永远只会千篇一律：你不能缺乏界限意识，要克制自己的控制欲。你之所以婚恋失败，是因为你界限不分，你要尊重他的尊严和空间！这才是女人该有的淡定和从容！

只是话永远不能说得太满。

任何人在道德制高点上对他人进行指点，自觉高人一等、隔岸观火的时候，都要想到如果有一天这块伤人的砖头砸到自己头上的时候，是什么滋味。慷他人之慨的劝善，损别人牙眼主张的宽容，说得容易，做到难。

我开始发觉我在这段关系里最基本的忠诚原则，已经受到了威胁。任我再怎么自欺欺人地诠释他所谓的信赖，萦绕在胸口的憋闷感和委屈感仍始终挥之不去。我不断沦陷的安全感已经在他所谓的“信赖”上找不到支撑下去的底气。

不是我对“信赖”的理解肤浅，也不是我不愿意相信他。当一个人无能到对维护自己最起码的原则底线都自感底气不足时，那么他也只能借着虚张声势依靠“界限”二字一再透支自己在感情上的信用度。不过，再高明的掩饰，再好的借口，都抵不过贪婪的耐性和时间的检验。

委屈就是委屈，伤害就是伤害。不是拼命地为难自己，压榨自己，做一些自欺欺人的矫枉过正，就能改变结局。那种“淡定从容”的女人，不做也罢。

后来，我遇到开头那位可以让我光明正大查看手机的人。但是我没有变成“淡定和从容”的女人，我依旧缺乏“界限意识”，不曾克制“自己的控制欲”。如果说有什么改变，那就是我变得自知之明，明白自己真正想要的是什么，什么样的人更合适自己。

人们都说，选择比努力重要，选择什么样的人就是选择了什么样的生活。你求现世安稳，我求岁月静好。有时候费尽心思地委曲求全，反而不如一个志同道合来得体面。你不透支我的信任，懂得尊重我的感受，我当然也会尊重你的空间。

我知道他如果即时挂断我打过去的电话，那就一定是当时有事确实不方便接。如果他出去应酬很晚，那他一定有身不由己不能早回的原因。我为什么从来不偷看他的手机？嗯，因为我在光明正大地看他手机的时候，看了半天，索然无味，便懒得再看了。

爱情里的尊重和信任都是彼此成全，这本身就是一个良性循环。我知道我们都不够完美，我都忘了我们曾因为忘买酱油这等鸡毛蒜皮的琐事闹过多少次别扭，但是却从来没因为“界限和信任”的问题有过争执。

不自爱的姑娘会是什么下场

甜甜，你在吗？心里好难受，想找你说说。人们不是说喜欢一个人就是要对他好吗？我是在他被前任甩的时候认识他的，觉得他人挺实在，所以蛮喜欢他的，那时他天天听伤心情歌，觉得他很可怜，有种很想保护他的感觉。所以就一门心思对他好，生活上无微不至，可是每次恨铁不成钢的时候，我就会说他，是不是我太直白不懂得给他自尊，他到现在还是会偷偷地听伤心情歌，歌词都是当初没有给前任足够关心才会错过，还是很想她之类的，我心都快碎了。

无意中知道了他前任的微博，她前任是个很有心思且很会讨他关心的那种女生，不像我只喜欢他对他好，我知道他前任肯定没有我爱他，可是不是我的爱情观不对，喜欢一个人，难道手段比真心有用吗？我觉得自己好自卑啊，我不知道自己是否应该放手，我是不是一辈子都无法在他心里超越前任，我觉得自己很傻很天真，怎么会一点儿别的心思都没有只知道对他好？甜甜，我很傻又不像他前任那么有心思，所以他爱她不爱我，我突然觉得这个世界上没有真爱了。这个傻姑娘是不是无路可走了呢？

甜甜，是不是如果爱一个人不应该像我这样，爱一个人应该是有心思的？用点手段的？我这样告诉一个人我喜欢他、爱他，是不是注定得不到爱？我现在应该怎么做，做什么才能补救？

毒舌甜：

亲爱的，你首先就弄错了问题的方向。你的主要问题不是坏姑娘与好姑娘的对决，而是不自爱的姑娘到底会是什么下场。

首先，得不到的永远都是最好的，太过主动的不会被珍惜。这是人性，他们觉得足够好的东西，永远不可能会廉价。

而你，显然在他面前太廉价。

你与其说是爱人，不如说是找虐。如果爱情没有基本的尊重，没有对等的平等，就很难长久。

真爱最大的特点不是感动，是愉悦，是双方发自内心的愉悦自己，愉悦对方。请问，你这么苦大仇深地执着付出，是他有愉悦的感触，还是你自己品尝到愉悦？

你们显然都没做到。他把“得不到就是最好的”人性发挥到极致，而你则自以为是地感动自己演出一桩苦情大戏，何来愉悦？

依我说，你们爱的都不是对方，爱的不是爱情中的那个人。你们不过是披着“爱情”的名义自艾自怜，爱的是你们自以为是的“爱情”里的矫情做作，爱的是一种欲罢不能的情绪刺激而已，而非那个人。于你而言，你对他好和感动自己，我觉得后一种更贴近你现在的状况。很多时候你美化了你们关系中你自己的付出，他只是你自己感动自己的寄托对象而已。

你问我，你现在应该怎么做，做什么才能补救？

我劝你离开这段泥沼里的爱情，好好呵护自己的自尊，找个对等的人相互愉悦彼此。记住，是相互愉悦，不是单方面的讨好和巴结。

谈个恋爱，你吝啬你还有理了

甜甜你好，我有个问题不知道该如何决定。我男朋友对自己很大方，对我虽好，但是我觉得他很小气，凡事斤斤计较，让我感觉不到他是真的对我好。他从未在我身上花过多余的钱，因为我都以另一种方式还给他了，甚至有多。我不是想花他的钱，只是他的行为让我觉得他对我不上心。他在我身上不想花一点成本，有的时候我说他，他就说，不给我花钱是在给我省钱，以后都是一家人，都是我的，省的也是我的。他家是卖糕点的，但他从未主动拿给我尝尝，还说怕我觉得不好吃。有的时候我气不过，就直接提出来要吃，提了好几次他一次也没拿。动不动就说自己没钱、家里没钱等。通过细节，我觉得我们不适合在一起，可是我说要分手，他就赖着不分，我也不忍心果断就分。我觉得我太优柔寡断了，我现在很矛盾，不知道该怎么办。

毒舌甜：

看到这条消息的第一反应是，恋爱时期就这么抠门儿的男人，婚后的日子怎么过?

不过人家男朋友一没出轨，二没家暴，非情感关系中的原则问题。只是吝啬我就劝分，是不是站着说话不腰疼呢?

于是我把这则消息给我身边的几位男性朋友看了，包括我老公，想从男性角度得出对这件事情的一个客观全面的看法。

结果他们的一致见解是，这男人吝啬成这样还想讨老婆?

其中A男最为愤懑。因为他女朋友刚刚过完生日，他家不卖糕点却被女朋友任性地撒娇指明要吃他亲自制作的生日蛋糕。这位平时活得粗糙的执拗汉子，真的开车逛了大半个城市终于找到一家"DIY"蛋糕坊，制作了一份满满都是爱意的生日蛋糕给他的女朋友……

这事儿估计不仅提问的姑娘听着羡慕，就连我这位已婚已久的人士知道了也是各种羡慕。回家我就质问我老公，那谁的女朋友要吃“DIY蛋糕，他硬是跑了大半个城市亲自完成这项任务，你看看人家对自己的女伴多上心……

结果我话没说完，我老公就打断了我：男人婚前的殷勤可不是常态啊，那是男人一生热情集中爆发的亢奋期，可是有着明确的目标指向性的。如果这个时候他都不愿全力投入表现，哪个姑娘愿意跟他？我当初不也是因为您一句话，就跑遍整个城市给您买您指定的那几株郁金香？

我说，那是以前，不是现在。你可以把你当初的优良传统继续发扬下去嘛。

他翻了一个白眼说道：笑话，那是婚前。婚后不生存、不奋斗，俩人天天热情似火、如胶似漆，喝西北风去？

女人天性多情，可以将矫情的“浪漫情怀”发扬一世。但是男人对爱与责任的定义就直白多了：没有得到的时候就全力投入卖力表现，用行动告诉你我是你的最佳选择。

虽说感情的浓度可能会随着时间递增，但彼此的热情的边际效益肯定是随着时间递减。电影里说，世间的饮食男女和做菜的原理一致，先是大火爆炒，然后小火慢炖，方能入味。所谓正确，就是什么时间做什么事儿。初见的美好也就是开头的那么几年，后头琐碎的日子还很长，用不着刻意地提前感受挫折。婚前就和你算计着节衣缩食过日子，那么婚后你也别指望他能让你在物质和精神方面过得锦衣玉食、丰盈充实。

我想说，楼主的男友真是偷换概念的高手。比如“他说，不花他的钱是在给我省钱，以后都是一家人，都是我的，省的也是我的。他家是卖糕点的，他从未主动拿给我尝尝，还说怕我觉得不好吃。”“动不动就说自己没钱、家里没钱等”。正确的逻辑应该是，楼主的男友没花在楼主身上的钱肯定是给他自己省下的，不一定是给楼主省下的。钱不是万能的，但钱是人心的试金石，且百试不爽。尘世夫妻为了二斗米磨尽耐心妻离子散的比比皆是。

其实楼主男友的高明之处就在于，你俩能不能成为一家人还不确定，但是他提前把义务和责任给人家规范化了。连甜头支票都不愿意开，就想空手套白狼?

以楼主和其男友的情感阶段，显然没有进入“小火慢炖”的时候。不能说楼主的男友对楼主没有爱，但是这份情感里夹杂更多精明和自私，甚至压制着男人恋爱里该有的热情的本能，宁可浪费精力极力狡辩也不愿真心实意多付出，而是苦苦算计着在该“爆炒”的阶段直接进入“慢炖”，节省投入成本和情感成本。如此一来，本该纯粹奔放的感情自然不入味，难怪楼主不领情。

正常的恋爱吃饭、逛街、买礼品等这些花销，是很正常的。楼主也并非见钱眼开的物质女孩，从“他从未在我身上花过多余的钱，因为我都以另一种方式还给他了”看得出来。但一句“甚至有多”立马折射出这段情感的失衡状态。

亲密关系里过于讲究对等的“礼尚往来”其实是一种见外和防范，说明双方情感没有到达他们自己的期望值，双方都在为自己的利益取向留有后路，而不留人情在对方手里。比如我们会和普通朋友人情往来，但是不会也根本想不到和父母算计吃喝成本。因为真正的亲密关系让我们天然地卸下防御，轻松自在地享受关爱。楼主男友的算计行为，其实已经让楼主在潜意识里，不断做出防御措施和对等的付出来保护自己，不留人情的给对方。

恋爱的本质是愉悦与关怀。如果一段恋爱谈得满是累心的算计和防御，那么还不如单身省心。至于楼主说：“自己想分，但男友赖着不分。”我是不能理解的，我们知道确立恋爱关系肯定是你情我愿的事情，但没听说分手还得双方都同意才能分开。单方面的被分手有个专属名词，叫失恋。你分手是你的事，他失恋是他的事。

lets have

fun

像美人鱼一样恋爱，像灰姑娘一样嫁人

取悦你自己，才是正经事

想见你的人，总能找到理由，挤出时间，找到办法

甜甜，我和我男朋友不在一个学校，可是我们是那种见了面有很多话说，在一起也挺开心的那种。一个月见一次，但是每次不见面的时候，基本上是三四天都没有任何联系的，没有聊天，没有电话。他有时间玩游戏都不找我。我问他为什么不找我。他说：平淡点好，天天找你又会怎么样，只要心里有我，不会乱来就行了。可是这样我真的受不了，我也和他谈过几次，他每次都能说出很多他觉得对的理由（他没有在学校乱来这点我相信）。你觉得是我的问题吗？

我身边的朋友谈恋爱也不会说好几天没有联系的。你觉得我应该怎么和他说，你能帮我想一段话吗？

毒舌甜：

这年头，娱乐圈里分手离婚的最常见理由是什么？

聚少离多！

身为娱乐圈人，天天各地跑通告，与伴侣、亲人聚少离多变成了家常便饭。很多明星对此认识深刻，在谈到自己的择偶标准时，都会说一句：我希望对方最好不是圈内人，这样相见的机会能多点，相守的时间会久点。

相爱的时候多巴胺作祟，爱意化作浓浓的思念。

相守的时候催产素主事，爱意则升华成平淡的相守。相守是一种依恋，这种依恋让尘世间浮躁漂泊的心灵，有了可以寄托的港湾。所以，相恋四年的异地情侣抓紧一切可以相守的机会，攒下400多张跨越半个中国的火车票。

生而为人，赤条条地来去其实很是孤单。父母会老去，孩子会长大，能和你相伴到老的只能是相依相守的伴侣。人天生就是害怕孤单的生物，对相见相守的渴望，是所有相爱之人表达爱意的本能。

正是这种不顾一切的本能的冲动，相爱之人才能跨越时空的限制，环境的制约，有条件相见相守固然幸运，没有条件创造条件也要相见相守。

我不知道你男朋友有没有那么忙碌，也不知道你男朋友有什么自以为是的理由对陪伴看得这般清淡，但我知道凡是一个认真恋爱的女孩子，都忍不住想和自己的男友相见相守，这种想法再正常不过。

有相见相守的条件却被限制在一个月见一次的，到底是爱情还是例行公事?

没有过被琐碎磨合出来的坚韧，不曾经历过患难与共的考验，距离相知相爱经年累月积累下来的默契、相依相伴的共生还差很远，你的男朋友也好意思和你谈“平淡的相守”？他以为“岁月静好”的余味回长是因为加了糖精吗?

张震岳在《思念是一种病》中唱着：借口总是拉远了距离，不知不觉无声无息。我们总是在抱怨事与愿违，却不愿意回头看看自己。

既然爱着的人知道思念是怎样的一种感受，那就将心比心、扪心自问同样爱着你的人应该会是什么样的感受。

永远别听他说什么，得看他怎么做。如果一个人想见你，他总能找到理由，挤出时间，找到办法。他若是不愿意，任何事情他都可以当作理由。

世界上最费力不讨好的事儿

自从有了公众账号以后，我就经常收到各种各样的留言。其中很大一部分都是吐露心事讲述自己故事的读者。在现实中，大概我长相温和，又比较善解人意，所以也经常被朋友当作倾诉对象。

做了这么多年的旁观者和倾听者，听了不少奇闻逸事也见证了不少人间真情。悲欢离合故事背后的倾诉人，也是各怀心事。只是声泪俱下地倾诉过后，有时候会听到一句，你说我该怎么办?

说实话，当倾听者我不怕，我最怕的就是听到“你说我该怎么办？”这句话。做人谦逊是个永不过时的信条。帮别人“指点江山”在我的记忆里简直是这个世界上最费力不讨好的事儿，而且没有之一。

比如，我的同学Y小姐曾经陷入一段恋情之中。明眼人都看得出来Y小姐遇到的不是良人，整日肝肠寸断，歇斯底里，寻死觅活的。情绪简直就像过山车，前一秒还沉浸在甜蜜之中幸福得容光焕发，后一秒就如同一摊烂泥生无可恋。上午还在幸福地晒着男友送给她的阿狸玩偶，下午就因为发现了男友手机里和前任的暧昧短信而吵得不可开交。太多次的吵闹最后都以Y小姐眼泪纷飞的妥协结束。

她对情感矛盾的处理方式完全以自己的情绪和感受为准。她既没有放平心态也没有守住底线。该妥协的地方她没有妥协，不该妥协的地方她却偏偏妥协了。直到有一次Y小姐男友的前任来找他，他思考片刻即选择对Y小姐说分手。在被分手的几天里Y小姐很是迷茫和低落。几乎所有的朋友都轮番上阵赶来安慰，动之以情、晓之以理，摆事实讲道理，都劝Y小姐彻底死心。经过轮番的劝说后，Y小姐表面上认可了“爱情诚可贵，尊严价更高”的说法，决心斩断情丝重新开始。可是后来Y小姐一听说那位前任离开这座城市，就立马抛却所有经验教训回到男友身边和好如初，原则底线全部抛之脑后。

作为朋友，除却当尽职尽责的情绪垃圾桶，我真没有少费心思开导她。虽然能理解人在情绪激动的时候，倾诉者不免有夸大主观感受的倾向，不过听得多了、劝得多了，我发现每次在情感中遇挫的Y小姐很容易心慌意乱而乱了阵脚。她的倾诉并非真心需要旁观者站在客观理性的角度帮她剖析事实和分析利弊，然后解决问题，她需要的只是倾诉。她真正需要的是情绪上的释放，以及别人对她情感上付出的肯定。毕竟她是真心付出却没有收到自己预期的效果，或者她为双方付出的努力没有得以实现，而心生委屈需要从另一种渠道上寻求认可的平衡。纠结不已的时候她没少问别人怎么办，但是到了真正需要直面现实时，别人的忠言逆耳皆是浮云，最后只能恨铁不成钢。无数次“狼来了”的打脸后，再也没有人愿意诚心诚意地做Y小姐的听众，包括我自己。

我表弟曾经年少痴情，爱得轰轰烈烈、惊天动地。一开始双方父母都觉得他们年纪太小不合适并表示反对的时候，他们硬是坚持了下来。后来所有人都认可祝福他们感情的时候，因为表弟工作的缘故他们开始了异地恋。然后突然有一天，我接到表弟的电话哭诉对方有了第三者。

情窦初开的表弟显然不能接受全身心投入却换来背叛的事实。他在电话里呢喃自己初恋女友的名字，追忆着他们的一见倾心，他们的真挚誓言，他们已经实现的和未曾实现的梦想。他说他所有的努力都被无情地否认和嘲笑了，他没有办法相信爱过的人会如此狠心和无情，被伤到体无完肤，一个劲儿地问我怎么办。被絮絮叨叨了整个晚上，看着一个失恋少年为爱痴狂的失魂状态，真是让人于心不忍。从此之后的三个月，表弟的朋友圈状态哀鸿遍野，再见时人也瘦得只剩下皮包骨头，整个人萎靡不振。作为姐姐，真是看在眼里，疼在心里。

结果三个月后女生突然求复合，表弟竟然欣喜若狂地答应了。这样的结局转变令人猝不及防。而我却还沉浸在表弟不久前受伤的苦大仇深画面中，为他惋惜和不值。原则性的感情问题，一次不忠百次不用。作为亲人，真是发自内心不愿意看到表弟因为同一件事第二次受到伤害。但后来我发现我还是太过天真。好了伤疤忘了疼不过是一瞬间的事儿，那些受伤时痛心疾首的教训感悟此刻再经由别人说出，都是刺耳的挑拨离间。我这边是急得气不打一处来，而那边前不久还在痛心疾首、深陷悲伤的泥潭里不能自拔的人，此刻却像一个骑士一般无所畏惧地保护着他的公主，宣战一般对我冷言冷语道："姐，我不许你这么用刻薄的语言去伤害我最爱的人！"

我突然觉得很讽刺。用现在的话来说，我这叫侵犯他人情感界限；用通俗的话来说，我这叫多管闲事。看来明哲保身的“劝和不劝离”也不是完全的错误。感情中的起伏于外人而言其实微不足道，鞋子合不合适也只是他们自己知道。恋爱中的人根本没有理智可言，其中的羁绊错综复杂。当事人的感情世界中没有是非黑白、对错曲直，只有喜不喜欢，愿不愿意。作为局外人，认真你就输了。

之后很长一段时间我很迷惑，原先我觉得当局者迷，旁观者清，如果有人向你倾诉，作为朋友你应该设身处地地帮他分析利弊、厘清得失。但是后来我发现，不是所有人都能在迷失的情感中保持足够的理智和克制，“旁观者清”的另一个说法其实叫作“站着说话不腰疼”。当事人却只想着从情感上能够迅速抽离痛楚、规避痛苦，哪怕付出的代价是暂时的自欺欺人也心甘情愿，局外人一再自以为是从理智角度强调止损，减少感情上的沉没成本，难怪人家不领情。

感情的事情不能一蹴而就，而是分时段和分阶段发展的。因为主观上的依赖和全情投入而陷入迷茫状态的当事人，不能理顺思路总揽全局时，很容易陷入单方面的偏执和局限。所以，有些人的倾诉并非是真的为了向他人寻求解决办法和解脱办法，他们可能只是为了摆脱寂寞而倾诉，为了寻求认同而倾诉。他们需要的不是“应该怎么办”，而是他们自己“想要怎么办”。

所以才会有那么多人感慨：大道理都懂，但就是做不到，放不下。此为执念。

其实不是做不到，是还没有伤够。人就是这样，不撞南墙不回头，不见黄河不死心。有个故事说，一个想不开的年轻人问一个和尚：“我放不下一些事，放不下一些人。”和尚说：“没有什么东西是放不下的。”他说：“可我就偏偏放不下。”和尚让他拿着一个茶杯，然后就往里面倒热水，一直倒到水溢出来。年轻人被烫到马上松开。和尚说：“这个世界上没有什么事是放不下的，痛了，你自然就会放下。”

长不过执念，抵不过流年。有些劫难，注定是一场逃不过的考验，时间会帮所有人做出选择。待到雨过天晴，曾经哭哭啼啼的Y小姐早已嫁作人妇，悠闲地过着小日子，一再迷失的表弟也已遇到那个真正适合自己的姑娘，一切静好。

多说无益大概就是这样吧，而且我也越发羞于“给别人指点江山”。所以，现在当我再遇到“我该怎么办”问题的时候，我会反问：“你想怎么做，你应该怎么做？”

我觉得，当一个人的“想要怎么做”和“应该怎么做”重合的时候，才是真正放下执念的时候。自己不放过自己，谁都帮不了你。

“乖巧”是女人最无用的品质

《甄嬛传》里印象特别深刻的一幕是，皇帝摸着安陵容怀孕的肚子说：“这孩子将来必定跟你一样乖巧。”皇帝自然看不出孕妇肚子里孩子的性别，但是极度渴望皇子的雍正却用“乖巧”二字形容自己不甚待见的妃子的孩子，显然认定了她腹中的胎儿是个女儿。可见在皇帝心中，“乖巧”不是什么值钱的词语。

安陵容入了宫闱，唯一能取巧的也就是她性格上的这份“乖巧”。抛开善妒的心思，事实上她在皇帝面前也确实是“乖巧”的样子。她听从皇帝，听从皇后，最后依旧落了个身不由己、不得善终的结局。

所以安陵容与皇帝摊牌的时候，她反问皇帝，您何曾不是把我当成听话的小猫小狗一样看待?

比她不听话的那些人，她活着的时候比她受宠，她死之后比她自在。

家世比她强大的甄嬛，做了圣母皇太后；就连家室不如她的驯马女叶澜依，都有选择自己生死的权利。

安陵容的被动的“乖巧”性格，注定了她的格局，她的人生。

表姐一直是亲戚家从小夸到大的“乖巧女孩”的代表，天天在家大门不出，二门不迈地伏案学习，远离一切青春期的“污染”，甚至大学毕业的时候她爸都以她从不屑打扮自己有“质朴品质”引以为傲。可是待到她大龄未嫁时，父母便开始埋怨她的无趣与木讷。

那些和表姐一样乖巧的女孩们，天天都在宿舍、食堂、自习室的三点一线上来回反复，她们有整理得如同印刷体一样的笔记，有做着三种色彩笔记的教科书，有年年拿着奖学金的辉煌史。

但是在专业的实际应用水平上，她们的英语听力却比不过狂爱POP流行乐的同系男生，口语不及平日狂追美剧的低年级学弟，最害怕的事情是当众做演讲，毕业的时候发现自

锻炼。”

身为一个资深的乖巧女孩，这番话语不在她的认同之道，因为她觉得在自习室里看书显然更让她有安全感。我原本以为自己的话语有些粗糙不中听，后来才发现，比起面对欲望独自上路寻求解决之道的狮子，乖巧的人们更喜欢成为被命运驱赶的羊群。

让在温驯中沉沦已久的乖巧之人，最不愿承认自己有短视和虚荣的一面。让他们直面自己的欲望，是一种痛苦的折磨，是对自己一直坚守的坚硬“道德”的一种颠覆。

这样的“乖”女孩，与其说是“乖”，不如说是她们的人生刻意归避了大部分对人、对事的利益冲突，从而还没有锻炼或者克制自己，修正自己“坏”的机会。因为直面自己的欲望，一要思考能力；二要勇气。而这两种能力，习惯“乖巧”的人早已将其割舍。

失去勇气，失去思考能力，也就失去了对广袤世界探索的好奇心，失去了见识更精彩世界的大格局，失去容纳世界的大胸怀，失去了改变命运的另一种可能性。

比起被“乖巧”品质绑架的女孩们，那些“不乖”的男孩更敢于直面自己的欲望，选择了保留自己的“勇气和思考能力”，虽然这会使得他们得到“淘气”的负面评价，但是比起大多数“乖巧”的女性，这恰恰是男性在社会中事半功倍更容易成功的主观原因。

所以，我真不认为女孩子按部就班的“乖巧”性格，是什么值得引以为傲的优良品质。

用“知乎”上的一句名言结尾：给自己一点机会，哪怕是肤浅的机会，哪怕是丢人的机会，哪怕是不安的机会，哪怕是痛苦的机会。人生一世，草木一秋，知道自己的坏，才能反省自己的坏，才会坚持勇敢，才会“君子有所为，有所不为”，给自己一点冲突的机会，人生苦短，及时玩耍吧。

你有没有后悔过，那些为了梦想放弃过的爱情

最近让艾玛·斯通获得奥斯卡奖项的电影《La La Land》（爱乐之城），说的是一个为了实现自我价值的女孩米娅，为了事业搁置爱情，放弃曾经共苦的男友赛博去追梦的故事。

两个文艺青年在彼此落魄的时候相遇相爱，她喜欢《卡萨布兰卡》里的英格丽·褒曼，想做一个令人瞩目的演员，而他则渴望拥有一家自己的爵士俱乐部。稳重的男生始终比女生清醒一步，在听到女孩的母亲对自己工作

不稳定的抱怨电话之后，为了长相厮守选择了暂时放弃梦想，加入了可以赚取稳定收入的流行乐队做贝斯手。

最后双方的误会逐步加深，女主鄙视放弃爵士乐、放弃初心的男友。压倒他们的最后一根稻草，是男主因为工作错过了女主的一场话剧，而被女主咆哮要求分手。

因为梦想受挫女主像受伤的小鹿一样躲回了老家，却被男主不断鼓励直面千载难逢的试镜机会。在女主迈进成功门槛的一刻，男主知道自己拴不住她的雄心万丈，所以对她说：你一定要为了自己的梦想坚持下去，哪怕放弃其他所有……

他意会了她的一切，告诉她为了梦想可以放弃爱情，不必愧疚。

5年后的女主成了好莱坞巨星，并组建了自己的家庭。这个城市里有那么多间酒吧，可她却在不经意间走进了他的那间爵士酒吧。她感激当初他为她做的一切，在他为她弹奏的那曲《city of stars》里，如果当初没有任性地分开……

奇妙的是，饰演这部电影女主的艾玛·斯通，就将自己活成了现实版的《La La Land》。在宣布奥斯卡影后桂冠花落石头姐时，她的前任男友安德鲁·加菲尔德就在颁奖现场。这一届奥斯卡她和前任男友双双入选奥斯卡最佳男女主角提名，而此刻他们已经分手将近两年。

他们相遇在《蜘蛛侠》片场，一见钟情，相恋3年之后安德鲁想要结婚生子稳定下来，但是艾玛却一心追梦，想在事业上有所成就。两人分道扬镳后，全世界影迷都在为这对曾经的人气情侣祈祷复合。

但是艾玛确定了二人分手的消息，虽然她声称自己依然爱着安德鲁。就在艾玛携《La La Land》全力冲击奥斯卡的时候，安德鲁也凭借《血战钢锯岭》获得了奥斯卡影帝提名。

艾玛获得金球奖影后的时候，安德鲁在采访时对记者表示自己将永远是艾玛的“头号球迷”。在艾玛获奥斯卡影后加冕的时候，安德鲁上台同艾玛握手祝贺。这对曾经的恋人再次同框的镜头让世界上无数影迷飙泪。

在世界上最大的造梦基地——好莱坞，艾玛是个幸运的女孩：事业上的成功已经尘埃落定，后边的爱情可攻可守。不过不是所有追梦的女孩都身置造梦基地，对现实的塑造可以手下留情不凛冽，能这般事业爱情两得意。

无独有偶，日本一部现实到蚀骨的片子——《东京女子图鉴》，说的是探索受欲望野心指引，漂在大都市里追梦的异乡女子追梦之旅。

水木麻美饰演的绫来自不发达的秋田县。少女时期的她，时常翻着时尚杂志羡慕着打扮光鲜的都市时尚女子，以及她们标配的代理商男友和实现人生自我价值的工作机会，憧憬过上大都市女子的精致生活。每次从在憧憬中回过神来，看着家乡落后保守的生存环境，她便恨不得立马飞出牢笼去东京追梦。在她看来，过上杂志里模特一般令人羡慕的生活，才算是“成功的人生”。

大学毕业后绫在东京一家公司竞聘成功留在了东京，并且住在了实惠宜居的三茶区，过起了每日三点一线的通勤生活。在三茶区她遇到了同是普通上班族的初恋直树，他们一起在朦胧美好的月光下结伴回家，一起看着综艺节目温馨地煮着火锅吃，一起为共同的朋友遭遇不公唏嘘叹气。绫也说和直树在一起很开心、很幸福，挑不出什么不好的地方。

但是一个清晨绫却意识到她费尽力气来到东京追寻自己的欲望，并不是为了过这种“在秋田随处都能捡到”的小幸福生活。于是绫甩了平实温驯的男友直树，退了三茶区的房子，沿着欲望的指引追寻自己憧憬的目标一去不复返。

虚荣是一剂欲罢不能的药。绫在追梦的路上，兜兜转转地碰到惠比寿宣称不婚主义却娶了同阶层女子的富二代，在银座遇到成熟富裕“长腿叔叔”而度过一段奢华有品的第三者生活，而后嫁给了一位木讷无趣的相亲男，却因对方与同事一夜情导致女方怀孕而离婚，事业上功成名就的时候还包养过自己闺蜜的男朋友。

在东京奋斗了20年，她终于实现了当初的梦想，成了年薪800万日元的商社精英女，上了时尚杂志的专访版面，实现了自己当初的梦想，却心灰意冷地发现这个社会从底层奋斗上来的外来人口无论多么努力地在职场上打拼，都不可能突破那层永远打不破的“阶层天花板”，永远地将自己与所谓的“上流社会”远远地隔离开来。欲望永无止境，20岁时闪闪发亮的野心，在40岁时却变成深不见底的无底洞，了无生气。

这个世界上追梦的女孩千千万万，只是能有多少人像米娅和艾玛般幸运，雄心万丈地回头望去，在灯火阑珊处依旧有着支持鼓励自己追梦的那个人。也不是所有追梦的女孩都能如愿，在事业上终究是给了自己人生价值一个交代。只是这些戏剧化的成功毕竟还是万千追梦人中的少数派权利，大多数的追梦人这辈子的正常状态恰恰是他们自己最看不起的“碌碌无为的平凡”。

当某些日益高涨的女权主义已经把“成为钉在北上广的精英”僵化成为一种正确事情的时候，灯火阑珊处平凡的小幸福，在万丈雄心前显得是那么的微不足道。

后来当绫形单影只地走在东京车水马龙的大街上时，她突然意识到人生就是一个圆，所经历的人终究会在你生命里形成一个循环。她用20多年的奋斗经历告诉自己，当初自以为是的“在秋田随处都能捡到”的小幸福生活，在这个偌大的都市里其实可遇不可求。回到最初的三茶区，遇到了温暖如初的直树，可惜直树的肩膀已经有了别人的依偎。

她站在街角无限感怀“那时觉得这样的幸福太渺小而感到悲哀，于是放手了。现在却已经懂得这样的小幸福得来不易。迄今为止所发生的每一件事，大概都是为了重新认知这个道理而绕的远路吧。”

可她依旧感激自己最初的欲望，因为如果不是这份贪婪与不甘，她不可能从小城秋田走出，挤入东京这个大都市，在寻寻觅觅的得失之间找到女性在职场上实现自我价值的机会，不可能有这般高端精致却又内敛低调的生活，更不会有随着时间和阅历累积起来的视野、感悟以及反省。

对于这点女主绫有自知之明，所以她才会说：“无论何时都放眼于高处的这个城市里，像我这样贪婪的女人们，百分百不会满足于眼前的幸福，但又无数次地劝告自己适可而止。就这样，一步一步，向前走着。”

那些曾在追梦女子身边出现过的人，有些人是用来厮守的，有些人则注定是用来错过的。既然自省和领悟都需要人生的积累和沉淀，那么无论最后是否后悔，都要心怀感恩地对那个人说一句：

“谢谢你曾经来过。”

很多人都是“外貌协会”的会员

学生时代的时候一位女同学鼓起勇气表白被拒，窝在寝室里啜泣的时候，大家你一言我一语地安慰道：“你这么优秀这么可爱的女孩子，其实是他不懂得欣赏了啦。”

“他可能是害羞吧，所以有点懵，一定是没反应过来才拒绝了你。”

“他太没眼光了，他以后会后悔的。”

我在旁边听着这些不痛不痒的安慰，昏昏欲睡。在大家的劝解下，女同学慢慢地从被拒绝的窘迫中恢复回来。她顿了顿说：“或许他还是不够了解我，我就这么表白，肯定唐突了人家。我还是喜欢他，不想放弃他。”

周围的姑娘心照不宣地耸耸肩，不再说什么，谁也不想揭开那个残忍的真相：被一个“外貌协会”的“资深会员”发了好人卡，不是因为他不懂欣赏，也不是因为他害羞，只是这个姑娘不够好看而已。

在有“心灵美更重要”这个观点的大环境里，肯定“外表美”的表态稍一坚定就会被扣上“肤浅”的“大帽子”。但是同为资深“外貌协会”会员，我对那个男同学的行为和坚持表示理解。因为爱美之心，人皆有之。人类对美的反应，真的是本能！

记得曾经看过这么一段话：“为什么我喜欢长得好看的人——我看完一整本书，一部电影，通关了漫长的游戏，在花花世界里，疯头疯脑地放纵胡闹一番，跋涉千里越过冰河山川去见证瑰丽奇景，也会觉得愉快幸福，也会去热爱世界。但是我只要看到长得好看的人一眼，几乎立刻就能得到这种喜悦感。时间这么宝贵，宠爱这些脸如珍宝的人又有什么关系呢？”

所以王尔德才说：“只有肤浅的人才不注重外貌”。没有人有义务必须透过你邋遢的外表去发现你优秀的内在。而且你的内在也往往没有你预估得那般内涵满满。毕竟，形象永远走在能力前边，任何轻视肉身的思维才是真正的狭隘与肤浅。这个世界留给我们的时间不多，机会也不多，大部分从我们生命中匆匆路过的人对我们先入为主的印象，都是取决于外表的第一印象。

也就是这匆匆一瞥的第一印象，很大程度决定了我们的机遇和命运。如果说“相由心生”是有着科学的、解释的心理学基础，那么“以貌取人”是最大的唯物主义：那些着装精致的人，一定是有着高超的审美；那些身材紧致的人，一定是克制能力、自律能力强的健身达人；那些妆容精致的人，大多也都有着自我要求和良好素养。审美是一种艺术，漂亮是一种能力。

巴斯在《进化心理学》里则说得很彻底：“美的标准并不是任意的，而是反映生育能力和繁殖价值的可信线索。”即我们的审美观点是祖先经历上百万年适应下来的，你现在的审美观根本不是自己能决定的。在上百万年的进化过程中，审美趋势的一个重要指标就是繁衍后代的能力。比如，光滑的皮肤表面意味着对方身上没有寄生虫或者细菌，高大的身躯说明他有能力保护异性，而一些面部特征甚至能反映出生殖特征。具体到现实生活中，人们对外表优秀的人更多青睐是一种本能，因为它意味着对方有强大的生殖能力和生殖资源，靠近他或她会优化自己的DNA遗传到下一代。

但是，长得丑不是罪，长相普通也不是无可救药。在这个一切皆有可能的时代，只要在遵循安全健康的大原则下，不把自己整成失衡的网红“蛇精脸”，打瘦脸针瘦脸，充玻尿酸去皱是立竿见影的事情。报个形体班或者请个健身私教，形体训练或者形体保持并不是难事。再不然就买有质感、符合自身气质的服装，好好进行搭配，毕竟人靠衣装马靠鞍。

只要你有意培养自己的审美水平，保持必要的克制能力，努力赚钱充实物质基础，变美不是不可能。网络上有很多人，上传了自己大学毕业前后云泥之别的对比照，其中很大一部分人都是大学毕业之后，物质能力担负得起个人的审美标准。毕竟腹有诗书气自华，自身的条件优秀，经济基础和审美提升就起到了锦上添花的功效。

回到最初那个表白失败的姑娘身上，后来大家一起聚会时，她自己拿出当时体重135斤、满脸青春痘、皮肤黝黑的照片，笑得直不起腰来：“罢了，当时也是为难人家帅哥了，拒绝说明人家审美正常。”

为什么现在的她能如此泰然自若地用自己当初的窘事作笑谈？那是因为她现在蹬着奢侈品牌的高跟鞋，扭着体重不过百的小蛮腰，涂着豆沙色的唇膏，做起了化妆品公司的产品经理，不用深挖她的内涵修养和性格，外表的形象气质就传达出来了气场，这就是她本人最好的名片。这也让我不得不佩服王尔德的另外一句名言：“美是天才的一种形式，实际上还高于天才，因为美不需要解释。美有它神圣的统治权。对我来说，美是奇迹的奇迹。只有浅薄之辈才不根据外貌作判断。”

难怪漂亮的女孩，运气都不会太差。

中国婆婆的教育方式，决定了中国家庭的命运

东方卫视的一个栏目——《中国式相亲》最经典的地方在于，它摒弃了老旧式的相亲节目不切实际的浪漫，让相亲男女的父母参与到相亲决策中来，还原了现实生活中家长在相亲过程中起到的关键作用，相亲概念和相亲逻辑极具中国特色。

其中最有趣的一个设置是，在相亲的第一轮把男方隔绝，由男方家长对相亲的女孩进行筛选。因为这档节目的逻辑就是现实版的相亲节目，目标明确，所以节目中的家长对

未来“准儿媳”的具体要求，可以直白地显现出这个原生家庭的三观。

耐人寻味的是，但凡对“准儿媳”候选人诸多挑剔的，没有一个是参与节目的父亲，反而都是家庭中说一不二的母亲。她们控制欲极强，说一不二，明显占据家庭决策的主导地位。

比如一位单亲家庭男孩的母亲和二姨来到到场，在家有决策权的二姨就一个劲儿地强调女孩子“漂亮脸蛋生不出米”来，要求做外甥的媳妇必须勤劳肯干、任劳任怨。

另外一个家庭的父亲则完全没有说话，营养师母亲则特意强调未来的儿媳妇必须身体健康好生养（她的理论也是很奇怪，坚决要求女方不能手凉、脚凉，否则生出的孩子会有疝气或者营养不良）。

一个自称“父亲很忙”独自到来的母亲则强调自己的孩子“很淘气”，特别像一个孩子，儿子深受母亲思维影响，选媳妇的标准则是：“找一个成熟，懂得照顾我的。”

另外两个广受好评的家庭则对女方没什么要求，一对来自内蒙古的父母强调的是“儿子喜欢就好”，要不就是“这个姑娘不错，那个姑娘性格真好，我会像疼爱女儿一样疼爱你”。

外交官家庭的母亲全程优雅微笑，言语不多，要求女方家教良好即可，实力强大的前外交官父亲则给老婆捧场：我们家的大事都是听她的。明显感觉这两个家庭氛围友好温馨，父母恩爱和谐，懂得尊重孩子的意愿。

那些强势的准婆婆们，她们对儿子是否能找到灵魂伴侣一起结伴人生毫不在意。她们不去客观正视己方手里的选择筹码和择偶优势，反而对别人有诸多苛刻的要求和标准，巴不得婚姻里的便宜都让自己儿子占了。

其实，她们要给儿子筛选的她们认为完美的婚姻标准的本质就是：当妈式择偶、保姆式妻子、丧偶式育儿、守寡式婚姻。

如果仔细观察你会发现，这两种家庭真正的区别在于母亲。一个母亲的素质、性格和观念对一个家庭，以及这个家庭的后代影响深远。一个有儿子的家庭，母亲作为男孩最早接触到的女性，对塑造男孩的女性观、择偶观意义重大。

能教育出成人“巨婴”儿子的母亲在教育儿子方面相似的悲剧在于：

第一，将亲子关系置于夫妻之上，本末倒置。很多中国家庭的婚姻关系质量不高，缺乏恩爱细腻的灵活交流，甚至是一种“将就过日子”的状态却不愿意分开。一些中国式的丈夫即使在家，也很少主动承担起家庭责任，与妻儿缺乏必要的情感互动，形成实际上完全靠女性独自支撑的“丧偶式”婚姻。因为长时间缺乏来自丈夫的交流和爱意，这类缺爱的女性安全感极度缺失，容易把从丈夫身上得不到的情感交流都转移到相对好控制的孩子身上，尤其是儿子。

正是将自己对丈夫的寄托放在儿子身上，这类女性在对儿子无微不至地付出过程中，很容易让她们将儿子在自己的潜意识里，塑造成自己的“理想丈夫”。当掌控欲让原先缺失安全感的母亲有了满足和依赖，儿子也在母亲的照顾下慢慢变得缺乏独立自主、依赖性强，变得缺少边界感，觉得身边女性的一切付出都是理所当然的。这样的男孩和父亲的关系往往不如和母亲那般密切，他们同父亲的联系被人为地隔绝开来，没人为他们树立一个真正意义上的好丈夫的榜样，他们自己对婚姻中“男人担当”的了解一片空白。

第二，“重男轻女”思维，有深刻的“仇女症”。有些女人明明自己是女性，即便她自己不一定承认“重男轻女”的本质，但是却有着深刻的“仇女症”：她们天然地觉得男性比女性“高贵”，她们比男人更歧视女性，更苛刻女性。她们觉得生了儿子就高人一等，把生养儿子作为自己人生的唯一价值。

这种思维让她们不自觉地成为“男权压迫女性”的帮凶，通过压榨女性的生存价值成就自己的儿子：她们不仅压榨自己奉献儿子，而且还要求儿媳妇接力自己成为儿子的

“小妈”，不尊重身为女性的自我价值，反而强调以自己的标准“为榜样”要求儿子的伴侣去奉献和附庸，甚至自动退场，以最大限度地成就儿子的人生。

比如那位营养师妈妈无视自己儿子选择了40岁的成熟女嘉宾，自信满满地对同是女性的女嘉宾说：“像你今年40岁，你知道吗？20岁的男人是期货，30岁的男人是现货，40岁的男人是抢手货。你自己有多大把握，未来10年还能拥有他？”

第三，她们不可能教会儿子“尊重女性”，以及学会在两性之间建立平等和谐的沟通。可以肯定的一点是，一个将亲子关系置于夫妻关系之上，且有深刻“仇女症”的母亲，很难教育儿子从心底真正地尊重女性，更别说给儿子树立关于“婚姻平等互助”的正确观念。

更重要的是，她们对儿子的付出如同廉价的倾销一般随处可见，不可能学会正确引导她们的儿子通过爱的表达和爱的交流去协调亲密关系。她们自己与丈夫将就、冷漠、僵硬的婚姻关系，也不可能给孩子一个良性关系的交流沟通的参考。当遭遇婚姻问题的时候，这种低情商的“巨婴”儿子们只能选择逃避，通过“高效的沟通和协调”，用高情商手段去解决问题的能力为零。

结论，选择婚姻不是嫁给了一个人，而是嫁给了这个人背后的家庭，嫁给了这个家庭的三观。而这个原生家庭的女主人，决定着这个家庭的三观和氛围，在这个家庭的幸福上有着不可磨灭的烙印。毫不夸张地说，中国婆婆对儿子的教育方式，决定了中国家庭的幸福质量。

爱儿子是任何一位母亲都会做的事儿，但是培养一个懂得学会承担、学会尊重、学会交流，让自己幸福的儿子却是一个技术活。

所以，大家都得留个心眼儿。找伴侣的姑娘没必要自己还没成为母亲就成了别人的“小妈”，当了母亲的小媳妇们为了儿子日后的真正幸福，爱儿子的时候要有一个尺度，不能过于溺爱。

我们最擅长的事情，就是狠狠地为难我们自己

我母亲有个习惯，就是特别喜欢给家里的桌椅、电器等做布罩子，用她的话来说，这样能保护物品延长使用寿命。所以，我家茶几、餐桌上有各式各样的桌布，洗衣机上有洗衣机的罩子，电冰箱有电冰箱的帘子，甚至连遥控器都包着一层保鲜膜。

当初搬新家她看中一套价值不菲的灰色布艺沙发，就是因为和家里的壁纸配色和背景墙很搭配，所以她咬牙买了下来。

结果过了几天，我妈就想给其做沙发套，这套为了软装特意搭配的沙发上先是被定做了一套色彩喜庆的沙发套，后来又在沙发套的基础上铺了一层沙发垫。

坐在这层层叠叠堆积的沙发套和沙发垫上，我总感觉手脚受限身体不得舒展，不如直接坐在沙发上自在舒适。当初为了搭配家具背景特意挑选的沙发颜色，也没有发挥它本来的美感价值，放在客厅里显得有些不协调。

我提出异议：你当初选择这沙发本来就是看重这个颜色款式才买的，现在里三层外三层的不仅和咱们家环境布局不搭，还失去了沙发最基本的舒适感。

沙发本来就是服务于人、消费于人的消耗品，被使用、被折旧是它与生俱来的宿命。您以牺牲舒适度和搭配感的消费代价做它的主人，现在不是“人坐沙发，而是沙发坐人”，这是不是有点本末倒置?

她当然不承认本末倒置，因为她的这种思维在我们生活中方方面面都很主流。

比如，很多人和我母亲一样，喜欢给新买的手机上贴膜和包壳，以保护手机的外观并延长手机的使用寿命。本来他们买这款手机的初心，正是看重手机的灵敏度和设计感。但是给手机贴膜的代价是牺牲了手机屏幕的灵敏度和使用感，给手机包壳就等于是否认了手机外观的设计理念。

后来人们更换新的手机，拿下手机贴膜和包壳的手机被折旧置换。钱是没少花，但是它的灵敏度和设计感却始终没有被它的主人尽情享用过，使用价值始终没有被充分发挥。

我有一位喜欢买折扣价名牌包的闺蜜，认为买折扣价的奢侈品性价比高，让她很有满足感。但是买回来的东西总是让她不满意，因为折扣的东西总会有小瑕疵，这让她感觉崩溃。

因为折扣价买的商品商家不退换，而且在“闲鱼”的转卖价又被压得很低，最后只能自己留着。其实她买下的折扣品的钱早就够买几个最新款的名牌包了，但还是忍不住贪便宜想着最优性价比而不断购买。结果拿到手的折扣包总是有一些小瑕疵，她总是陷入沮丧感之中无限循环。

但这还不是最可怕的。前些日子听说老家靠养猪发家致富盈利千万的熟人突然暴毙而亡，死后才知道是死于糖尿病并发症，但是他生前却根本不知道自己有糖尿病。据说那人守着千万家产却从不肯去体检，因为觉得体检要花钱，而且体检半天查不出病来就是白花钱，要是真查出问题来就是“本来没事，结果白白检查出个毛病来”。

在匮乏的人眼里，人不及物，命比钱轻，觉得自己始终不配被爱护，不配被呵护起来。

我们对物品的初心是花钱买一个舒适的体验感，这份舒适的体验感要么带给自己一份好心情，要么能节省我们的时间精力，维护我们的健康。

但是总有人喜欢打着“节俭”和“维护”的名义，以牺牲物品的体验感和舒适度，折损自己大量的时间、精力甚至是健康，为难自己。

这样做的结果是，人们购买商品支付了原本不菲的价格，商品的使用价值不但没有发挥出来，还要为难自己支付出时间精力。这样算来，三重浪费，简直得不偿失。

但是很多人并不认为自己的时间和精力，以及物品本来应该带来的体验感、舒适度比物品本身更值钱。追究其本质，还是人们觉得“享受舒适和美好”的体验使得人们觉得自己自己配不上享用物品本身应有的价值，从而带着某种罪恶感和内疚感 。

也就是说，他们觉得，自己配不上享用美好的事物。尽管物质已极大丰富起来，但是他们的内心始终没有摆脱匮乏的影子。

哪怕真的拥有了美好的事物，也总是要通过“折损”自己的部分利益来减轻自己占有美好事物的罪恶感和内疚感。

多少人最擅长的事情，就是在行为上狠狠压榨自己、为难自己，却始终不知道自己真正想要的是什么，更别说好好地安抚自己的欲望。所以，人们才觉得人生总是事倍功半，欲求不满。

其实人活一世，身外之物都是浮云。在不奢靡、不浪费的情况下，不如尽兴，让身外之物物尽其用，省下来时间和精力，成就最好的自己，才不枉人间走一回。

这，才是爱自己的第一步。

反抗“催婚催娃”最优雅的方式

我一直认为代沟是很可怕的东西，因为这意味着沟通的不同步。

结婚前，我最怕去我祖母家，因为会被逼婚。结婚后，我最怕去的也是我祖母家，因为会被催生孩子。但是祖母已经80多岁了，比起每次探望时的心有戚戚焉，我更怕子欲养而亲不待。所以，怕归怕，还是得去。

进了门，祖母会端上新近买来的水果切开，还会端上一盘点心。我低头一看，发现那些点心都是自己上次拿过来的台湾凤梨酥。明明叮嘱过祖母，台湾的点心没有防腐剂必须尽快吃，不然全都放坏了。可她依旧舍不得吃，总觉得好东西应该分享给儿孙们。于是，很多儿孙们的心意被她留过了保质期。

她说，既然点心过期了，那你就多吃点水果。我刚用勺子吃完她递给我的半颗西瓜，她又递给我一个大苹果，我赶紧捂捂肚子直摆手：真的实在是吃不下了。

她不听，又拿刀子去削苹果皮，然后把削好的苹果切成片递给我。我只好接过老人的心意，但是有些不耐烦：我不是跟您客气，我是真的吃不下去了。

吃完削开的苹果，手里又多了祖母递过来的一根香蕉，我把香蕉放回盘子，跟她说：我真的不能再吃了，再吃晚上我都不用吃晚饭了。

祖母依旧不依不饶，把盘子里的香蕉放回我手里：哎呀，你这么多天不来，来了不让你吃好还成？你看你现在瘦得都没形了，不把自己吃得白白胖胖的以后找不着对象，不好怀孩子。

听了这话我简直欲哭无泪，因为我从来都是白白胖胖的，胖得找不着对象，胖得我自己都怀疑是不是因为体重问题影响了月经周期。我的人生大计，从来都是减肥为本。

但是我如何胖，都是老一辈人眼里的小瘦子，不仅瘦小，而且头脑还不聪明，同龄的人孩子都抱上了，而我还是个不为自己人生大事着急的孩子。

接着就是对我人生黯淡前景的例证对比，祖母总会焦虑地搬出亲朋好友来举例。

我赶紧趁机转移话题：奶奶，告诉您一个好消息，我的文字又在杂志上发表了，我的新书下个月就上市了……

祖母不为所动，依旧在自己的思绪里絮絮叨叨：你说你都30岁了，我像你这么大的时候结婚都快10年了，可是生了四个娃呀……你说你怎么就不着急呢?

我压下所有炸裂的爆发，默默地低下头，沉默着离开了祖母家。

这个故事再往下写，就是俗套的“逼婚催娃”了。在我奶奶那个时代的人眼里，结婚生子、传宗接代才是实现自己人生价值的终极奥义，其他方式的自我实现反而成了结婚生子、传宗接代的附加体验。

时代局限造就的视野局限，这种三观已经深深地刻在了他们的脑海里。对小一辈不合他们三观标准的行为，他们都会有着深深的恐惧和焦虑。说实话，听着那些带着哀怨絮絮叨叨的陈词老调，我心里的抓狂跟逆反是和所有年轻人同步、同频率的。

回到家，就听母亲说祖母打电话和她哭诉，说我不懂她的心意。

我也委屈："哎，我觉得我和祖母交流不畅，代沟太大。第一，我都告诉她我吃不下那些水果了，她还一个劲儿让我吃。第二，我本来不是一个瘦子，不想当胖子也是为自己的健康着想。第三，我对我人生大事不是不着急，而是缘分没到，我着急也没用啊。不符合她标准的观点难道就一定是错的吗？"

母亲却说："我能理解你们年轻一代的想法，不是说你们的想法是错误的。只是那个时代经历过饥荒的老人，被饥饿吓怕了，最能体会生存的不易。所以，他们总是认为水果是奢侈的东西，胖胖的身体才是健康的身体，才把水果端出来想让你吃饱。在他们的观念中，孩子就是生存下去的希望和寄托，所以她才会一个劲儿地催你结婚生子。不是说她的标准就一定是正确的，只是她在以她所理解的方式去爱你。所以，站在老人的角度，多理解一些老人吧。"

我突然想起报端的一则新闻，一户住在林中的人家曾经救过一只垂死挣扎的猫头鹰，并悉心为它养伤治疗。等到猫头鹰病愈之后，林户人家把猫头鹰放生了。后来，林户家的门口总是莫名其妙地多了很多死老鼠。

令人哭笑不得的是，林户家的人发现，那些死老鼠是那只被救的猫头鹰叼过来的。林户家肯定不需要死老鼠，但是猫头鹰却以它自己所能提供的最好方式在报恩。但是于报恩的猫头鹰而言，它认为世界上最好的礼物，就是它自己最喜欢的且是它自己辛勤捕来的猎物——死老鼠。

想到祖母舍不得吃却留给我们留到过期的凤梨酥，我突然鼻子一酸。其实祖母一直是爱我的，她一直用自己的方式爱我，虽然这个方式曾经让我抓狂。

这些年关于长辈们“催婚催娃”的不满，我们这些小一辈没少在网络里口诛笔伐。相比老一辈们无怨无悔的付出，我们其实并没有多么极端，只是更关注自我内涵的丰富，我们更关注自我价值的实现。

这种观念的改变最根本的原因还是物质水平的提高，使得人们不再以基础的生存需求为目标，而以追求更优质的生存质量为奋斗动力。这个时代的年轻人不会有老一辈“基本生存”的压力，不会有以“结婚生子传宗接代”为保持“基本生存”的延续上的焦虑。

相比被称为“生存家”的长辈们，年轻的一代是追求精神、物质同步的“生活家”。也许，我们不能理解长辈们对“生存压力”的焦虑，就像长辈们不能理解我们将“自我价值”放在第一位的执着。

只是，成为追求精神、物质同步的“生活家”的我们，在沾沾自喜于自己对人生境界的追求高于我们的前辈的同时，是不是应该反省自己之所以能有机会接受更高级的教育、拥有更广阔的格局的原因，是因为我们站在前人的肩膀上?

后人乘凉的时候，应该感恩前人栽树的辛苦。老一辈们的奉献和辛勤为我们铺好的基础，是我们今天有资格追求“自我价值”的基础。

那么，既然我们自诩“格局更高”，那就应该站在更广阔的角度看问题。我依旧不能完全认同我祖母所有的人生观，但是我想我应该捍卫她拥有自己观点的权利。时代造就了我的祖母，那么我祖母观念里与我共振或不共振的逻辑，都是那个爱我的祖母观念的一部分。

但我永远不能否认的是，她爱我的心，始终不变。她用她的方式爱我，但是她老了。那么剩下的路途，就让我来走完。如果有代沟，那就用耐心和智慧架一座桥梁。

后来我又去了祖母家，吃了半个西瓜、一个苹果外加三个猕猴桃，好吧，这下晚饭不用吃了，正好减肥。

祖母催我赶紧结婚，我说好嘞，碰到合适的“高富帅”立马领过来见您……

祖母催我赶紧生子，我说行啊，要是有好消息第一个告诉您……

sweet home

与其望子成龙，不如望子成人

取 悦 你 自 己 ， 才 是 正 经 事

有父亲陪伴的孩子，运气都不会差

1.

我认识的一对龙凤胎里的妹妹，去中学当了教师。平时说起与那些正处在青春期“00后”孩子的相处，她是爱恨交织，滋味错综复杂，总结一句就是：这波孩子比咱们洒脱，有个性！不过让她感触最深的是，作为一名能够参与孩子成长的教师，从客观的旁观角度来看，她观察到大多数父亲在日常亲子教育中明显缺席。

她说：“无论是叫学生家长来学校还是召开家长会，抑或是其他教师与家长的互动，深入参与孩子成长的绝大多数都是母亲，甚至是祖父母、外祖父母。就算是有少部分的父亲参与，其对孩子日常成长情况深入了解的积极性与热情度，也明显不如母亲或是其他长辈。”

这让她开始反思自己的家庭教育，她发觉，她的父亲是一位典型的传统中国父亲。他正直善良又强大，为人处世成熟老练，对外乐于助人口碑良好，而且还是一个家庭经济上的顶梁柱。她母亲在生下她和她哥哥后虽然继续工作，但大部分的精力还是放在哺育孩子和各种琐碎的家务事上。这种典型的“男主外、女主内”的家庭分工，使得他们的成长深深地打上了母亲的各种烙印。

虽说父亲大部分心思放在工作上，一直含辛茹苦地赚钱养家，为家庭和他们的成长提供了坚实的物质基础，但是也并非忙到不可开交连同孩子们相处的机会都没有。在他们的印象中，父亲好像大多数时间自觉游离于他们琐碎的日常生活之中不多过问，全部由母亲一手包办。而在非常时期，比如她哥哥小时候打架闯祸或者她被发现早恋，父亲爱子心切又怒其不争。平日里不苟言笑的父亲本来就与他们交流甚少，这个时候又突兀地闯进他们的视野之中简单粗暴地干涉苛责，曾令他们极为反感与排斥。

“其实我们当然知道父亲是爱我们的。”她说：“只不过回顾成长之路，他就像无数典型的中国父亲一样，在我们日常成长之中陪伴参与得太少了，但他表达爱恨的方式又简单粗暴，让我们着实受不了。”

2.

《中国式家庭=缺失的父亲+焦虑的母亲+失控的孩子》一文中就曾指出：针对北京3～6岁幼儿的父亲调查发现：80%的父亲认为自己工作忙，没有时间与孩子交往。对天津市1054人的调查显示：一半以上的家庭存在子女教育父亲“缺位”的情况，母亲是子女教育的绝对主角。即使是正常家庭的父亲也已经远离了孩子。中国高中生将父亲选作第六倾诉对象，排在同性朋友、母亲、异性朋友、兄弟姐妹、网友之后。

无论在情感、陪伴、尊重、亲密还是在问题解决方面，父亲为孩子提供的支持都不多，这说明父亲在孩子成长中并没有承担应尽的责任。

相对于高声讴歌“伟大的母爱”，在中国父爱的描述多是“含蓄深沉”。但恰恰就是这个所谓的“含蓄深沉”造就了许多畸形的亲子关系。

首先，在东方社会特别强调“父为子纲”，即孩子需要“无条件服从”父亲的绝对权威。没有经历按部就班的工业化大生产洗礼，而直接过渡到现代文明的中国，曾因物质缺乏、形成心理上的匮乏感，而无视“绅士”的礼仪与周全。天然失衡的地位差距很容易形成“父子关系”的单方面压迫。

其次，与女性的温柔和耐心相比，男性性格中直接与急躁的因子决定了其作为父亲和母亲与孩子相处方式的不同。本来天然的血脉关系又决定了男人作为父亲，对自己后代发自本能的爱护与疼惜。但是狩猎时代、农耕社会流传下来的传统社会分工让很多男性不热衷，甚至不屑积极参与到日常的亲子教育中去，有意无意地从责任上回避亲子教育里的亲密交流。由此造成孩子在成长过程中父亲参与进来的亲子陪伴不多，而缺乏灵活温情的交流与沟通。

3.

时至今日，在一些居民的公共澡堂里，依然能看到年轻的母亲将五六岁的小男孩带进女浴室来洗澡的景象。可事实上，儿童从3岁开始就有了逐渐清晰的性别界定。孩子在成长过程中，父亲的缺席与母亲的过度参与，将严重影响孩子的性格与命运。

现在出现的阴盛阳衰的“男孩危机”也能从侧面说明缺乏父亲陪伴对孩子造成的影响，尤其是对男孩子造成的影响。从教育部网站发布的近年教育统计数据上来看，全国普通本专科学校在校生中，女生占比为51.74%。这是高校女生数量连续第5年超过男生，而且差距越拉越大。打开电视机，你会发现现阶段青年偶像流行审美趋势是缺乏男性气概的“花样美男”时代。这些面貌清秀、举止端庄的男性偶像们脂粉味过重，缺乏雄性气质：皮肤吹弹可破，眼神顾盼生辉，发型一丝不苟，日常还得画眼线。

而与异性相处方面，那位双胞胎妹妹曾对我说：“因为与爸爸的交流不多，小的时候又怕他，所以直到现在我都不知道该怎么与男性相处，谈恋爱时总是莫名地缺乏安全感。哥哥虽然是男生，同样与爸爸交流甚少。但是却在潜移默化之下继承了爸爸的性格，虽然善良敦厚，但是情商不高，从来不懂用柔软的姿态去沟通表达善意与爱意，恋情失败了好几次。”

中国千年难题“婆媳关系”有很大一部分原因就是因为在男孩的成长过程中，家庭里的母亲不得不付出更多的精力，去弥补父亲在亲子教育上的缺失，甚至忽视家庭第一要义的婚姻关系，而将过多的精力寄托在亲子关系之上。长时间失衡的亲子投入，导致母亲不能及时接受长大成人本该脱离原生家庭的儿子另组小家庭的事实，从而不断挑战自己与小夫妻的关系界限，造成婆媳关系紧张。

4.

写到这里，我想依旧会听到回避一些父亲对于回避“陪伴”的责任的最好借口：我是没有好好陪伴孩子，但我是男人，我得赚钱养家啊！

每次听到这句话的时候，我总是想问一句，能不能直面自己的责任，给孩子一个亲近你和崇拜你的理由？

《中国式家庭=缺失的父亲+焦虑的母亲+失控的孩子》一文就曾犀利地指出：一个男人如果把所有精力都放在工作上，那么，他无法去面对一个核心的主题，就是如何面对自己的情感，如何面对自己的脆弱，怎么去挑战一个女人，而不是像躲避妈妈的小男孩一样去生活。

优秀的品性在人生的方方面面都是必然相通的。我倒是觉得许多会赚钱的成功男士，责任感、智商和情商在育儿方面同样出彩。

比如，《爸爸去哪儿3》里的夏克立。你会看到夏天会开心地给爸爸涂上色彩斑斓的指甲油，会在睡觉前撒娇给爸爸一个晚安吻，会把自己的秘密告诉爸爸，让爸爸帮她拿主意。而夏克立对夏天，会明确指出女儿的错误给予适当的惩罚，会温和而坚定地提醒女儿不许和男生单独在一个房间，会全情投入和夏天一起的游戏，也会宽容而幽默地调侃对女儿朦胧的初恋。

性格决定命运。有父亲陪伴的孩子，运气都不会差。

与其望子成龙，不如望子成人

故事一：一个姑娘最近分手了，原因是男方父母不同意。姑娘长相佳、人品好、学历高，还考上了公务员，按理说在婚姻市场比较受欢迎，与男朋友恋爱多年毕业之后就分道扬镳有些让人不解。

后来向当事人求证，才知道原来姑娘考的是某二线城市的郊区地界的公务员。姑娘的男朋友父母看不上她的这份工作，认为会左右儿子的志向，拖累儿子的前途。他们一心一意想让儿子往高处走，去一线城市做一番事业光宗耀祖。

都是寻常人家的孩子，姑娘的男友父母这“气吞河山”

的口气着实吓着我们了。我们讪讪问道：“这男孩家庭什么来头？”

姑娘回答说：“就是一家住城乡结合部的普通人家。父亲下岗多年外出打零工，全家就靠着他母亲每月1000多元的退休金生活。好不容易养出一个优秀的儿子，自然对他寄予高期望。”

故事二：另一姑娘，从小天资聪颖、勤奋努力，当初过五关斩六将在县里名列前茅，上了名牌大学又出国留学，成为全家人的骄傲。这姑娘学有所成回国工作，因为条件优越早早拿下北京户口，让众人羡慕不已。

尽管她能力突出，工作努力，但是在人才济济的北京，一个刚刚毕业的外地孩子依靠自己在京城白手起家有多苦，只有自己才知道。得知她也在那些早出晚归挤地铁，拼死拼活还按揭贷款买房的人流中，她那位在县城里待了一辈子，习惯了以闺女的光环吹嘘炫耀满足虚荣心的父亲开始不满：你就混成这样?

闺女委屈道：天下之大，比我优秀的人有很多好吗?不是上个名牌大学就一辈子高枕无忧了好吗？现在大家都在努力，但是再努力工资也跑不赢北京的房价，我这不正在努力，也是需要时间和过程的。

她爸不信：你看你婶子的表哥的堂兄的媳妇的姐姐的

二儿子，人家和你一般大，去了北京下海创业一年就纯挣千万，买套房子都是一眨眼的事儿。电视里的海归白领不都是天天进门豪宅、出门豪车，怎么到你这就没有了呢!

故事三：一位大叔在小学教书近20年，但是儿子不争气，每次高考模拟考试全年级800名学生中排名后100名。他家儿子不是自己不想好好学习，而是天赋如此。有好心人建议他可以给孩子报个技工学校，毕竟将来产业升级机械化将大大普及，当一个懂技术、有手艺的蓝领工人不愁吃饭。

这位大叔说，我们家孩子可不当蓝领，太没地位。我觉得可以让他去学医，将来当个外科医生。

别人告诉他，现在医学专业不好就业，好的医学院高考分数门槛太高。就算考上了医学院，将来能不能当外科医生，还要看有没有那个机遇，比如有没有对口专业的市场需求和多年积累的临床经验。

大叔满不在乎道："考不上好的医学院可以继续考研嘛。实在不行我们可以去外企，一年挣个三四十万。反正我是看不上什么蓝领技术工人，舍不得我儿子做那个脏活、笨活。"

那位好心人只能暗自感慨：这是坐井观天，不知深浅啊。

据说每年回乡过年，便是奔波在外的游子们一年中情绪最焦灼的时刻。网上调查过年回家不快乐的原因中，除了我们熟知的父母逼婚，排名第二的便是与父母“三观不和”引发而来的各种观念上的冲突。有些父母不切实际的期望让儿女压力过大，进而陷入自我否定和自我怀疑的无限循环中。为回避这种不适带来的挫败感，儿女对父母的反驳与抗议难免会引发两代人的冲突。

讲句不中听的话，其实越是早早放弃自我，越是没见过世面的人，越是不知道天高地厚、夜郎自大，做了父母也是一样。他们早早地脱离了主流社会安居一隅，足迹已经很久没有离开距家10千米远的地方。获取信息的渠道多是电视机，或是周围邻居对“别人家孩子”的成功添油加醋的吹嘘，排斥网络媒体等新鲜事物。最多多年前到过一次那时物价正常、房价稳定的大城市浅尝辄止地一游，就觉得外边的月亮比自家的圆。琢磨自己飞不过去的地方，要下一代使劲飞过去。比起自己努力挣扎地出人头地，站在高地上对下一代发号施令品头论足容易得多。

可是你又能责怪什么？他们出生于物质匮乏的年代，对物质基础天生就有着一种不安感。填饱肚子是他们的第一要务，不是所有人都能接受完整的文化洗礼，站在思想的前沿去当个开明的父母。

在过去，他们对“大锅饭”时代的计划经济情有独钟，哪怕下岗失业也只是感慨自己命运不好，却对市场经济的运行规律与优胜劣汰的残酷本质茫然不知，被社会淘汰在边缘。而现在，他们自行美化着金字塔顶尖奋斗成功的极端个例，却无视天底下这平凡的大多数人的一生其实和他们一样，都在为柴米油盐、车子和房子奔波。大富大贵、光宗耀祖的成功毕竟是少数人的专利。抛却名利的欲望，知足常乐地过一辈子，难道就不成功了？

“无知者无畏。”这个“无知”的根源主要还是世面见得少。

相比之下，自身越是有所成就的人，对子女的成长期望越是简单。比如俞敏洪就没有急切地盼望着他家孩子出人头地，因为他已经完成了出人头地、光宗耀祖的任务。活到他那个境界，反而对自己的孩子要求简单起来，他只希望“孩子能觉得活在这个世界上很美好，最重要的是让他慢慢地成长。”

易中天则对孩子的要求是“望子成人”，即真实、善良、健康、快乐地成长。他说：“为什么一定要成龙？为什么不能成虎、成豹，实在不行，成为一只快乐的米老鼠不行吗？”

龙应台在《亲爱的安德烈》中说：“孩子，我要求你读书用功，不是因为我要你跟别人比成绩，而是因为，我希望你将来会拥有选择的权利，选择有意义、有时间的工作，而不是被迫谋生。当你的工作在你心中有意义，你就有成就感。当你的工作给你时间，不剥夺你生活，你就有尊严。成就感和尊严，会给你快乐！”

其实，俞敏洪、易中天、龙应台对孩子的要求不是不高，而是更接近事物的本真、人性的本质。现如今，与其说得益于父母积累的社会资源，不如说站在巨人肩膀上的孩子们传承了父母最宝贵的馈赠——见识。

见识有多重要?

首先，人贵在有自知之明。见识对一个人发展的重要程度，就像玩“星际争霸”游戏中你开了多少地图一样。开了地图你才知道你的位置、资源处境和接下来的最佳行动方案。这会帮助你正确地理解你在这个世界的位置，以及其他人的相对位置，给你勇气和判断力。

其次，见多才能识广。见识让你穿透迷雾，透过事物看清问题的本质，找准事物的运行规律，摸清趋势的发展动向。这样你才会认清自己的方向，不至于在错的道路上一路狂奔而努力无所得。

最后，见识让你开阔视野，心性逐步趋于稳定。能享受最好的，也能承受最坏的。不以物喜，不以己悲；宠辱不惊，看庭前花开花落；去留无意，望天上云卷云舒。这样才有魄力行至水穷处，坐看云起时。起伏的人生，态度尤为重要。

而这些，不正是成功者必备的素质吗？

越是登高望远，越发惭愧于自己在天地万物中的渺小与轻微。其实新一代的年轻人，对商业社会残酷竞争的理解很深刻。他们敬畏残酷的竞争，但并不代表他们不勇敢、不行动。

至于依旧纠结于名利与虚荣的父母，与其将其不情愿地放置在“天下没有不对的父母”高处上自我怀疑或否定，抑或是将自己的失败全部借口在他们身上，回避自己的无能，不如直接坦率地面对现实。你可以不同意父母的观点，但是要捍卫对方说话的权利。

比起自以为是地与父母在意志上清高地对抗，不如现在行动起来好好挣钱。这样一来，一旦你有了足够的经济基础，哪怕不是大富大贵，你也可以为父母出钱让他们去旅行，去看看这丰富的大千世界，给他们一个心服口服的理由；而奋斗无悔的青春也给了自己一个交代，省了自己飞不高无奈寄托于下一代的不甘心，然后做个望子成人的父母。这不两全其美吗？

最后，谢谢我那位从不逼着我出人头地的母亲，对我的要求仅仅是做个“快乐的平凡人”。反倒是我自己书生意气却一事无成的时候，她却总是满足于我每个微小的进步给予我鼓励。现在想想，真的都是暖暖的惭愧。

习惯当“恶人”的中国式丈母娘

1.

比如狠心拆散牛郎织女的王母娘娘，瞧不上张生而不同意婚事的莺莺之母相国夫人，还有拆散佳偶将祝英台嫁了马文才的祝老夫人，以及这些年“逼着女儿嫁房子”无形中“抬高了中国房价”的现代丈母娘，哪一个没被描述成“不解风情、心狠手辣”的狠角色？

只是古代的丈母娘识字太少，能把传说以文字记录下来的，都是身为男性的女婿。就连现在网络上掀起骂战的都是没买房的年轻人，丈母娘一时半会儿是赶不上这时髦了。

流传下来的观点，自然都是为女婿们自己利益服务的辩解之词。丈母娘这“白脸曹操”的恶名，从此被钉在耻辱柱上。

那些不解风情的丈母娘设下的重重障碍，其实绕不开的始终是婚姻价值的实质问题，是她们年轻的女儿从来不曾考虑过的现实问题。因为丈母娘们知道当激情退却，婚姻价值的实质就是经济利益和亲子关系。女儿们看重的是当下浪漫的缱绻厮守，而母亲们看重的则是日后安稳的长长久久。丈母娘们在评估女儿一段感情时，是自动将其进行现实的婚姻价值评估的。为此她们不惜替懵懂的女儿做了恶人，哪怕担负一世的骂名。

然后不出所料的，落下一个女儿怨、女婿恨的结果。

2.

只是，就算没有王母娘娘和遥遥相望的银河，天上地下的差别早已注定身份地位、视野知识的层面差距。

就算相国夫人一开始即点头同意莺莺和张生二人厮守，张生骨子里的轻贱自傲、风流自大和见异思迁的秉性早已注定了对莺莺的始乱终弃。私会莺莺、勾引少女，人品不良和心术不正，怎么在文人笔下反倒是成了相国夫人的不识相呢?

而那些被骂“抬高了中国房价”的现代丈母娘，都是背了黑锅的替罪羊。有人一边扬言国外的丈母娘从来不会“逼着女儿嫁给房子”，一边对西方发达国家的高福利和完善的妇女儿童保障体系闭嘴不谈，赤裸裸将双重标准进行到底。指责丈母娘不讲人情的时候，要弄清的现实是国内户口与房子挂钩，户口与小孩未来上学读书的利益相关。

在中国，买房根本就是一家人安身立命的刚性需求，而不是丈母娘凭空捏造的无端考验。面对是迟早的事情。

只是现在资本市场集中房地产市场畸形，房价疯涨，早早买房的女婿们暗自得意的同时，别忘了当初自己在网络上“讨伐丈母娘”所贡献出的文章。

现在很多时候丈母娘们也会思考，做个动辄被声讨“没有界限感”的中国式丈母娘既不招待见又不被理解，为什么还要费力不讨好？

那么，彻底避免受其困苦的办法有以下两个。

第一，祈祷国家经济建设一跃千里，国民福利和国家法律日趋完善，尤其是婚姻制度开始重视对女性弱势群体权利的保护。

第二，作为一名母亲，当你的女儿深陷迷情不能自拔时，你置之不理。

如此，中国式的丈母娘，也就能解脱了。

我的妈妈不爱我

我曾经问过朋友一个尖锐的问题：你觉得这个世界上有不爱孩子的父母吗？

她想都没想就脱口而出：有呀。我就是那个不曾被父母爱护过的孩子。

我笑笑说："你也是个当妈的，怎么回答得这么直白？"

她回答也是简单，"我只是实事求是，不回避痛苦而已。"

看着她若无其事的表情，我反而不知道该说些什么了。这些年来，教导我们的从来都是"天下没有不爱孩子的父母”。就是带着这么一条普世真理的认知惯性，关于“不被父母爱护”的这个事实，她已经跟自己纠结了大半辈子，较劲了大半辈子，苛刻了大半辈子。终于到了知天命的年纪，她放过了她自己，如释重负地接受了这个事实。

嗯，她就是我的母亲。

生下母亲的时候，外祖父母已经有了两个女儿。眼见呱呱落地的又是个闺女，外祖母丝毫没有再为人母的喜悦，13天后就把襁褓中的母亲送到了乡下。在此之前，生在母亲之前的二姨命运也是如此。直到外婆终于生下了儿子，这才将孩子留在身边亲自哺育。

用现在的话来说，我母亲和二姨都是下放到乡村里的留守儿童，甚至连留守儿童都不如。母亲在14岁之前根本没有见过自己的父母，没同自己的父母说过一句话。她先是被寄养在她的奶妈家，稍稍长大后去了她的祖父母家。

听母亲说，在祖父母家的日子是她童年最快乐的日子。在汉中平原上一望无际的田野，四季轮回。树上的榆钱，夏夜的知了，野地里的酸枣，还有被冻出冻疮的小手。家里有慈爱的祖母总会变着花样烧饭给她吃，当阅历丰富的祖父给她讲当年“西安事变”活捉蒋介石时最惊心动魄的情节时，她总是被吓得捂住耳朵闭住眼睛，然后偷偷地瞄着祖父已经瘸了多年的腿。那条瘸了的腿有着一块发硬的伤口，是祖父亲历“西安事变”的身体勋章。母亲后来对我说，那颗射进的子弹再也没有取出来过，最后一直陪同他进了黄土。

母亲7岁的时候，她的祖父母都已经过世，她又飘零回了她的奶妈家。那个家庭那时已经有了七个孩子，对一个半途进来且非亲非故的孩子很是排斥。她小心翼翼地在这个家庭成长着，努力地做着一个不惹麻烦、不会招人讨厌的乖巧孩子。寄人篱下了几个寒冬之后，眼见户口就要被转入这个农户家里，结果被“好心人”劝阻：反正粮食就那么点，你家户口多上一个，以后你家就多张嘴，你们自己看着办。

当寄人篱下都成为一种奢望时，母亲只好回到她的亲生父母身边。14岁那年，她第一次坐火车，第一次进城，第一次见到了自己的姐姐弟弟，第一次见到了她的亲生父母。那个家里有一位事不关己，高高挂起的男主人，一位一言不合就摔鞋揍人的暴躁妇人，两位在父母身边成长起来的姐弟。还有一位也刚从乡下回来的二姐，同她一样在唯唯诺诺地适应着这个新的生存环境，生怕多喘了一口气会引起一场铺天盖地的讨伐，一场劈头盖脸的唾骂。

这个世界，就是在罪与罚、对与错的错综交织中变化和发展。很多年后母亲和二姨才明白，不是她们自己做了什么罪大恶极之事，而是她们当初要么投胎时机不对，没有生成家里的老大，不能趁着别人初为人母的新鲜分得一份关注；

要么自己不成器没生成个男孩，不能在那个重男轻女的压抑年代里夺得一份宠爱。

在战战兢兢的青春期，乃至30年后的人生里，她们对别人的脸色异常敏感。她们努力学习，努力乖巧，悄无声息地敏感，悄无声息的倔强，习惯了克制自己甚至苛刻自己来避免给别人添麻烦。但是由此转化而来的不安感却始终变本加厉地在她们身上起反作用，便于她们折磨自己。那时她们期望着时间能够快速划过，能早早地主宰自己的命运，不再飘零。高中毕业后，二姨选了北边离家最远的学校，后来干脆定居在北边的一座城市；而母亲则放弃了读中专的机会退而求其次选择了南边的技校，只为能够离家远。

后来母亲服从工作分配返回原地，她选择了住单身宿舍，直至遇见父亲有了我。母亲一人抉择了自己之后的命运。与其说母亲后来变得果敢利落，不如说因为她知道从她的父母嘴里永远得不到安慰和指引，不如不说。

自我小时候记事起，我的母亲对我的外祖母，多少年来关系僵直得就像上下级一般，敬重有余，亲密不足。母亲去看望外祖母的时候，总是提了最贵的水果，恭恭敬敬地送过去，然后早早地道别。外祖母更不以为然，因为她从不押宝在中间的闺女们身上，所以那时候她的期望很低。但是命运偏偏很喜欢跟外祖母开玩笑。她押宝的大闺女在将近中年的时候，生了一场大病自顾不暇。重点押宝的小儿子，为了自身的前途志在千里。

而外祖母对母亲化不开的依恋就在那场突如其来的中风之后。病痛不仅彻底击垮了她的身体，也摧残了她年轻时的威严和锋芒，然后戏剧性地拉近了她与自己不曾重视的女儿之间的距离，因为那是她唯一就近抓得住的稻草。从重症病房出来之后，她无助地躺在床上含糊地说着什么，唯独我的母亲听得出来，外祖母是腰累了要翻身、想喝菜粥、想吃橘子了。外祖母住院的日子里，母亲就像战场上随时待命的士兵，必须时刻保持高度注意力来应战。外祖母病情刚稳定不到两日，外祖父的哮喘病又开始发作。母亲急忙安顿好外祖母，又风驰电掣一般地开车把外祖父送到医院检查，外祖父又因为肺心病严重必须立即住院。

病房里絮絮叨叨的老人、来来往往的人群让外祖父住院后脾气变得暴躁起来，在医院里待不了几个钟头就嚷嚷着要回家。外祖父以自行出走威胁母亲，母亲软硬兼施好劝歹劝都劝不住，只好每天白天开车送外祖父来输液治疗，晚上再把他送回家去。好不容易外祖父治疗有了起色，他却扬扬自得抽起烟来，气得母亲眼泪哗哗地往下流。要不就是外祖父耍起老小孩脾气，明明治疗药品有剩余但就是不放心，大半夜地给母亲打电话要出门买药，吓得母亲连忙从被窝里爬起，穿越半个城市去满大街找24小时的药店。

于是这位曾经最不受待见的女儿，现在却成了他们最为依恋的孩子，成了他们最资深的管家。往返于自己家、父母家和医院，已经成为母亲每日固定的三点一线。她已经习惯了去各大医院的窗口处理医保报销的单据，然后去顺道的药店排队取药，接着开车定点取回网上订购回来的成人纸尿裤，最后再去水果摊买上两份水果和糕点。便宜的那份留给自己家，贵的那份恭恭敬敬地送到外祖母家，却不再早早地道别，因为她要留在外祖母家帮忙照顾外祖父母。

我不是没问过母亲，作为曾经最不被待见的女儿差点被送出去，如今却身负对他们养老送终最重的负担，不会觉得不公平吗？

她说，当然不公平，怎么可能公平？但是人生有时候太残忍，残忍到你无法不去悲悯他们的衰老，你无法回避自己的良心，你无法躲过自己的命运。怨恨太费思量，我选择认命，放过我自己。

那天我像往常一样抱住了母亲，娇声娇气地喊了一声“妈妈”的时候，母亲眼睛突然湿润了。她突然很感慨地对我说：“真羡慕你们这些随时可以跟父母撒娇的孩子。我觉得自己跟父母撒娇居然是一件很奢侈的事情。年轻的时候我不敢跟父母撒娇，到现在他们反而成了老小孩向我撒娇了。”

我听得出母亲的心酸和委屈，于是握紧了她的手，仿佛那一刻我们不再是母女，而是能交心的知己。

晏凌羊说过：“我们是没有权利选择我们的父母。但是我们可以先学着长大，把自己当成和父母一样的成年人，甚至是比他们更有悟性和知觉力的成年人，然后从父母的相处模式以及他们对待孩子的方式中，去反思我们自己，努力实现自我的觉醒和成长，别让伤害传递给下一代。”

我轻声地对母亲说：“没事妈妈，您已经做得很好了，还有我爱你呢。”

要不要男人的东西，其实跟你的家教没多大关系

1.

读到最近流行的一篇文字《我妈的教养，是不向男人要东西》，咽下去的咖啡立马从嘴里喷出。

反思这些年来对我先生经济上各种毫无道理的剥削压榨，按照那篇文章的说法，这真是有悖于一个独立女性对自由灵魂的追求，是对女性独立尊严的亵渎。

按照那篇文章的标准，我到底是心虚了，脸红了。因为我刚让我家先生给我海淘了YSL星辰，现在又软磨硬泡让他

请我到家门口新开的海鲜馆吃海鲜大餐。既然掌握财政大权的是我，那么实质上掏钱的还是我，但请客的是他呀。我就是享受他送我东西的乐趣和那份心意。

想想以前我也是严格家教下长出来的正气姑娘，自从进入青春期后，从豆蔻年华到桃李年华，一直都是极其有节操的女子，铿锵有力地同异性同桌划清了日常交流的三八线，看见有熟识的男生过来能绕着走肯定不会直着走，自诩以追求女性独立、女性自尊为己任，视依靠男人为屈辱，更别说接受男人的东西了。

但是现在的我真心认为：要不要男人的东西，其实跟你母亲的家教没关系，很多事情本来就要具体问题具体分析。

2.

有些来自异性的交流和善意大可不必自作多情，因为它来自人性和人品中的美好，而不是来自性别差异。

上大学的时候，我参加的社团排节目，周末一下午的时间全奉献给了彩排。可惜第二天就要公演，节目效果还是没有达到大家的理想目标，大家只能抓紧时间继续练下去。这时候一个计算机系的男生突然请假半个小时，也没有明说去做什么。半个小时后他回来时，手里拿着肯德基的全家桶。他笑盈盈地对我们说：“大家排练这么辛苦，赶紧先把晚饭解决了。吃饱饭了才有力气继续干活。这顿我请了！”

说实话，如果不是因为社团排练，我跟这个男生平时就是陌生人。学生本来资金就不充裕，这位男生的破费让我们几个女生特别不自在，都在寻思着怎么拒绝。我们几个女生从小都是家教严格，家长教的做人标准就是不要随便吃别人的东西，跟异性保持距离。结果他走过了过来，热心挑出全家桶里最大的汉堡和鸡腿递给我们，让我们更加手足无措。

最后，我们自以为很清高地把汉堡和鸡腿又给人家送了回去。送过去后才发现，原来另外几个男生只是分了点薯条和鸡块，好的东西都留给了女生。结果现在鸡腿和汉堡凉了，男生们都没吃饱，女生也都饿着肚子。好好的一番美意也都成了零和游戏。

看得出那个男生有些失望，但是他还是很有风度地和我们解释，让我们别误会，他没有别的意思，就是单纯地想让大家吃点东西补充能量继续排练，把汉堡和鸡腿留给我们只是出于对女生的尊重和好意。他认为作为男生，这是基本的礼貌。

演出结束后，我再也没有见过那位男生。前几天微博上看到五岳散人抛出“只要我们这些有成就的老男人想泡，没有我们泡不到的姑娘，都是套路”的豪言壮语遭到铺天盖地的炮轰时，我突然又想起那位给女生买全家桶的男孩子。比起某些自信满满的中年男人，那个青葱少年的体贴和风度，有着发自肺腑的真诚。

只是当时还是涉世未深的茫然少女，对异性有着缺乏了解的恐惧和排斥，自己没有见过大的世面，也没有太多辨别门道的能力，习惯摆出一副拒人千里的清高表情来掩饰自己的慌张，不懂得从容平和地接受来自异性伙伴的善意和风度。

有些来自异性的交流和善意大可不必自作多情，因为它源自人性和人品的美好，与性别差异无关。

如果能再次见到那个男生，我真想补回我迟到的教养和感激，对他说声：谢谢你！

3.

你在有能力时男人主动送你的，与你在没能力时依附于男人开口要的，是完全不同的两回事儿。

后来走入社会到了谈婚论嫁的年龄，经一位热心熟识的大姐介绍认识了一位男生。其实第一眼见到他的时候，我自己就能感觉心头小鹿乱撞。但是在相互了解的阶段，出于女孩子的矜持和自尊，还有从小严格的家教，我都是一副君子之交淡如水的气场，然后同他执行严格地“礼尚往来”的原则。约会的时候人家请我看电影，我一定会买汽水、爆米花等零食；人家请我吃一顿饭，我一定要下次回请过来；人家出差回来给我带个小礼物，我第一时间找个理由送别的东西给人家把礼还回去。

因为那个时候我总觉得吃人嘴短，拿人手短，对于恋爱女孩子一定不能把自己看轻了。现在的女孩子经济独立自主，恋爱约会礼尚往来、追求平等。

结果接触了一段时间，对方突然就冷淡了下来，联系骤然变冷，让我觉得莫名其妙。但是作为一个有骨气、有尊严的女孩子，我是宁可憋屈死也不会主动联系对方的。过了几天介绍人大姐却来问我：听说你对人家不是很满意？

我答：没有呀，是对方主动不联系我的。

介绍人大姐：他说你对他不满意，给你送东西你都回礼过去，一起吃饭都回请过去，基本上算是AA制，连看一场电影都把账算得清清楚楚，摆出划清界限的架势不愿接受人家对你的付出和关心。

我一脸委屈：大姐，我是觉得自己是一个独立自主的姑娘，追求性别平等，不想让人家觉得我是那种跟男人要东西的女人，自己没能力担当。

大姐听闻哈哈大笑，然后推心置腹地对我说：姑娘，作为一个过来人，我完全理解你这种自尊自爱的想法。但是恋爱和婚姻这件事情，你在独立有能力时男人主动送你的，与你在没能力时依附于男人并开口要的，是完全不同的两回事儿，没必要矫枉过正。在平等的恋爱和婚姻关系中，你要追寻的是一个相互关心、相互扶持的伙伴，因为太多利益交错在一起而有了羁绊和依赖。你喜欢这个男生，这个男生也喜欢你，所以他才愿意为你花钱加深这个羁绊和依赖，去进一步深化你们的关系。这与女性是否独立，是否自尊没有关系。你想关系更进一步，得先给人家一个为你花钱的机会。

我突然想起那句名言：肯为你花钱的男人不一定真爱你，可是不肯为你花钱的男人一定不爱你。回去后，那个家伙又打来电话试探，我甚至听得出他在那边局促的小心翼翼。于是我说，我想喝蜂蜜柚子茶了，最好再来上几包薯条坐在电影院看电影，想必感觉很不错。

结果那个家伙半个小时后兴高采烈地端着蜂蜜柚子茶，提着一包零食在我家楼底下等我。我们再往后约会的时候，除了我原本就计划好的送礼请客，我基本上满足了他喜欢大包大揽的付款爱好。结果他自己乐得其所，我更是觉得有个宠爱你的男朋友的感觉真是不错，后来干脆直接把他升级成老公。

后来我俩看电视报道女人骗吃、骗喝、骗婚的新闻，我较有兴趣地问他：那个时候我和你礼尚往来，你不愿意，非要大包大揽，你就不怕我是个混吃混喝、依着男人生存儿吗?

结果我家先生说：日久见人心，真正自尊自爱的女孩子，男人不可能不尊重她。婚姻就是一次精准的匹配游戏，大家最后都会各归其位的。

4.

独立女性该有的价值观和人生观

如果是在几年前读那篇大义凛然的《我妈的教养，是不跟男人要东西》我会完全赞同。但是这几年随着圈子的扩大，我是彻底改变了当初对女性独立自尊表达方式的看法。这个社会是有五岳散人那样自以为是把自己当成女人金主的人，也有出卖自尊自爱依附男人生存的女子。只是人格健全的异性占绝大多数。不少女性能从千百年的性别压迫中觉醒，有了独立自主不依附他人的意识，是一种进步。

但是这种进步应该是理性的，是清醒的，是淡然的，是明辨是非的，因为男性和女性在很多方面是存在着差异的，社会上的男女分工是合理的，完全没有必要用一种好斗姿态来刻意强调性别界限。要不要男人的东西，其实和你母亲的家教没关系，其实反映的是女孩子们固有的价值观和人生观。

所以，我认为，“女性独立意识”不应该过度包装甚至矫枉过正，更不应该用外强中干的架势虚张声势，排斥一切来自异性的交流和善意，摆出一副软硬不吃的抗拒姿态，无端消磨掉别人释放友好和善意的耐性，最后陷入孤家寡人的逞能循环之中，一副自怨自艾的怨妇模样。

这真不是一个独立女性应有的淡定态度，而是一股冲天的怨气，这种心态的本质还是一种弱者心态，只有将自己性别置于“不如人”的地位时，才会如此气急败坏地想要同对方划清界限证明自己。

一个强大而正确的女性价值观，不应该有非此即彼的绝对正确，更不应把性别差异塑造成双方对抗的工具，甚至将其想成非黑即白的假想敌而加以区别和排斥。一个真正认同男女平等女性独立的人生观，是应该发自内心地接受自己的性别，然后淡化自己的性别，不做特殊要求，也别苛责自己，该奋发时奋发，该努力时努力，该感恩时感恩，让一切顺其自然。因为分工协作才是自然界两性之间的真谛，而不是比谁更加强大一些，比谁架势摆得更嚣张。

其实，把那虚张声势的精力省下来，与男同胞们携手为建设和谐社会的中国梦而奋斗，这才是独立女性该有的姿态。

为什么我们习惯对父母“报喜不报忧”

1.

A君的母亲天天催婚，逢人便唠叨自己儿子是不中意的光棍。只要是A君母亲知晓的相亲活动，A君回来便免不了一番盘问，之后便是暴风骤雨般恨铁不成钢地催促。

A君经常被炮轰得毫无还手之力。几次下来，都是如此。A君母亲对此事的焦虑程度已经登峰造极，仿佛每次相亲见的女孩，都毋庸置疑是她儿媳妇一般，A君一个“不合适”的回答如同末日审判一般令她晴天霹雳、心如刀绞。看着别人家的孩子陆续结婚生子，更是唉声叹气。

A君今年27岁，干练潇洒，工作体面。他眼中的感情，一定不能将就，是合则来不合则去的两情相悦。可如今，母亲过度的惶恐和焦虑已经干扰了他的判断力和自信心，让他对婚姻有了一种莫名的排斥和恐惧。他现在特别反感母亲盘问和掺和自己感情上的事情，为了避免不必要的压力和折磨，他几乎不跟母亲主动报备他情感上的任何动向。

2.

C姐从大学到现在，已经在北京待了11年。这11年的酸甜苦辣早已不能一言概之，但是传到远在西北县城的父母那里关乎女儿的消息总是风轻云淡的那几句：我挺好的，又换了份工作，认识了个男孩正交往着试试看。

她没有告诉过父母，她替上司背了黑锅挨了处分，被迫离开原公司投了三个月的简历才找到新工作。这三个月她寄宿在闺蜜租的房子里打地铺，吃了好几箱方便面。他们只是在她已经换了新工作以后被通知，为了换个新的工作环境，她已经从原来的东家辞职了。

她也没告诉过父母，曾经去过他们家拜访过他们的，向他们承诺婚期的那位大学恋人，分手的真正原因是在她怀着他的骨肉四个月的时候抓到他同陌生女人的苟且记录。愤然离开后，她去医院做了流产手术，小月子做完以后她才告知父母俩人分手，理由是性格不合。

这个时候从电话里传来的，都是她意料之中的重复担忧和叮咛，以及一些絮絮叨叨的焦虑和关切。

她静静地听着，不辩解也不反驳，然后暗自庆幸，一切都在她可以掌控的范围之内。

她就是那种典型的报喜不报忧的孩子。那些人生中最痛彻的纠结，都是独自一人经受过折磨和碾压之后，经过沉默绝望的消化，通过稀释的加工，再若无其事地告知父母。那些漫无天日的加班、拥挤的通勤和琐碎嘈杂的不如意，父母更是无从知晓。

3.

为什么我们一些人习惯对父母“报喜不报忧”？为什么有时候我们人生的喜怒哀乐父母反而成为最后知晓的人？

我心疼她也曾经问过C姐：遇到问题为什么不直接告诉你父母？那都是最爱你的人，他们应该在你痛苦的时候与你同在，与你分担。

C姐轻轻一笑不以为然：不是所有的父母都身心强大，思维开阔，能够完美地成为孩子的心灵的指引和归宿。他们本能地希望我一切都平平安安、顺顺利利，却有自己跳不出的局限和无助，无法给予我实际的指导和建议。当我遭遇他们不曾遇到过的不如意和挑战，他们反而会比我自己更加惊慌失措。我必须在遇到问题自顾不暇的时候，还要分散精力去安抚他们的焦虑和应对来自他们的压力，太痛苦了。

C姐的一番话让我想起A君的遭遇。我们的传统观念一直强调父母是孩子心灵的指引和归宿，但事实并非如此。有些父母不是不爱孩子，恰恰相反他们人生的全部都是孩子。从心理学上看，很多人虽然为人父母多年，但他们因为自身的局限一直躲在过多被威胁或过度受保护的经验里，对事物的理解渗透了非理性的因素，对人与事做出的反应是逃避和自我防御，面对挑战动机缺乏面对的勇气和决断，反而试图寻求舒适与安慰。

他们本来就惧怕直面人生的苦难和挑战，当孩子成为他们人生的羁绊时，他们会加倍惧怕直面一切的苦难和挑战。他们在人世间的经历已是如此，人生信条也已经固定。他们怀着对孩子最深切的疼爱和希望，却有一颗经不起折腾的玻璃心。

4.

人无完人，父母也是一样。当他们的内心深处内在的小孩没有跟他们一起同步成长成能够主宰自己情绪的成人，受伤寻求安慰的孩子们本能地向父母们寻求依靠和指引时，却发现父母已经早于自己败给恐惧和慌张选择逃避。这个时候的父母在心理上不是可以依靠的父母，而是已经败给他们自己内心深处内在的小孩，成为心理上彻底完全的小孩。

这种状态下的父母很容易变得焦躁和唠叨，他们反复地过度纠结在孩子的负面遭遇上不能自拔，其实就是在变相寻求安全感的舒适与安慰。当遭遇困境无法自处时，再让这些父母成为孩子此时心灵的归宿和指引，给予他们实际的指导和建议，是一种奢望。

懂事的孩子慢慢地发觉，与其让父母与自己无助地痛苦纠结加重自己的内疚感和负重感，不如选择性地让他们“无知”和“不知”来保持他们的安全感和舒适感。那些最爱孩子的父母，却往往与孩子们隔着世界上最遥远的距离。然后，这些懂事的孩子们，就成了别人眼中的那些“报喜不报忧”的儿女。

世间所有的孩子们都希望自己的父母是可以依赖和依靠的参天大树。可人生最无奈的地方在于，爱之重，有时候不能如人所愿般完美承受。就像C姐所言，很多时候，我们的报喜不报忧，是因为不愿意打搅父母的脆弱。

C姐说，我爱我的父母，我的父母也爱我。但是人无完人，我们与父母的相依相知，有时候也是一种缘分。

后来C姐结婚生女，孩子百天我们前去庆贺，带了好多祝福给C姐的“小公主”。问及C姐对孩子成长的期望，C姐却说：希望她以后对我报喜也报忧。

你可以“毁人不倦”不要脸面，但是你的孩子要脸面

1.

前些日子和我先生去了一家超人型水上乐园游玩，玩毕我正进女浴部盥洗，在门口遇到一对父女，小女孩大概5岁左右的样子。这位年轻的父亲大概见我面善，特别客气地解释他们父女同来不方便，请求我在盥洗的时候顺便帮他的女儿稍微梳洗一下，洗好后孩子自己会穿好衣服到门口，他在那里等。

我稍微有些犹豫，但是想想让爸爸带着闺女去男浴，也

不是个事儿。所以我答应了下来，领着小女孩进了女浴。结果小姑娘特别懂事，全力配合我这个手脚不利索的阿姨，还用稚嫩的声音一再跟我道谢，乖巧得让我恨不得立马也生出个贴心的闺女来。

氤氲的水雾中，突然蹦出两个拿着玩具水桶互相玩闹的小男孩来，约莫有个六七岁。两个家伙打打闹闹，在女浴部里发出嬉笑吼叫的声音。虽说他们还是孩童，但显然这俩男孩从个头上来看年纪不算太小，就这么赤身裸体明目张胆地出现在女浴，显然气氛很尴尬。旁边来往的女同志们也显露出不悦的神色，小姑娘怯怯地躲到我的身后。两位小男孩的母亲，则在喷头下摆弄着毛巾，大呼小叫招呼儿子快点过去搓澡。

我照顾好了小姑娘，自己草草冲了一下便穿好衣服，就逃难一般跑出女浴，出门看见小姑娘的爸爸已经在一旁等候。我把小姑娘交接过去，这位年轻的爸爸一个劲儿跟我道谢，还不停地让他小闺女跟我道谢，弄得我都不好意思了。接着和先生汇合，开车回家。

结果一上车，我先生就开始抱怨，他居然看到了两个5岁以下的小女孩，可能妈妈没跟来，直接跟着爸爸进男浴洗澡。他说一池子光着身体的大老爷们，中间两个小姑娘，真不知道怎么还有这么不靠谱的父亲。以后这俩姑娘长大以后，今天的见闻简直就是噩梦！

2.

我还以为只是女浴有这种不靠谱的事情发生，毕竟在中国母亲跟孩子关系更为紧密，带儿子进女澡堂洗澡的事情已经不算新鲜事儿。结果听我先生这么一说，发觉靠谱与否不分男女。再想想那位恳请我帮忙的年轻爸爸，绝对是一位值得称赞的好父亲。

不尊重小孩子的性别差异，似乎在国内已经不是什么新鲜事儿。比如，早些年生活水平有限，热水器没有在家家户户普及，妈妈们带着半大不小的儿子进女浴洗澡已经成为见怪不怪的“正常事件”。直至现在公共浴室和卫生间，异性小孩被父母带进去的场景也是见怪不怪。更有甚者，直接让孩子当街大小便，丝毫不注意影响，更别说保护孩子的自尊心。

再比如，朋友圈里晒娃的父母，有的是不顾及自己孩子性别尊严的。不管孩子裸照还是开裆裤，后期修图遮一下都懒得遮，直接秀出自己娃儿露着生殖器的九宫格照片。当然，父母们的理由也是理直气壮，一个小孩子，他能知道什么？是你自己想多了吧！

喜欢用双重标准要求自己孩子的不在少数。自己图方便的时候，孩子就是个“什么都不懂的小孩”；孩子正常本性调皮捣蛋使得自己不能忍的时候，孩子的“什么都不懂”便是个累赘了。一想起在女浴里见到两个同龄男孩时那个小姑娘赶忙躲在我身后怯生生的样子，我就知道，其实这个年纪的孩子，他们懂，他们真的懂得性别差异和性别尊严。

3.

作为掌控孩子幼年阶段思维塑造的父母，一些人一方面耻于向孩子传授健康的性常识和性别常识，发现孩子早恋都哭天喊地生不如死；一方面却不懂得以身作则，从不注意从细节处引导孩子正确地认识性别差异和性别禁忌。

这种现象归根到底，是因为一些成人根本没有尊重一个年幼孩子生而为人最基本的“人权”，没有把他看作一个独立的人，是对孩子人际关系界限观念的彻底忽略。这些年随着生活水平的提高，公共设施的日益完善，那些叫嚷着被环境限制而“不得已为之”的父母，大可借鉴我一开头遇到的那位靠谱的父亲。因为办法总比困难多，就看你主观愿不愿意做。

从心理学的角度看，幼童乐于被人抚摸、搂抱、亲吻等，这其中带有人类本能与生俱来的性色彩。幼儿的性意识在2岁开始萌芽，3岁左右性别认识初步形成。随着社会经济文化的进步，人们包括儿童可接触到的各种信息面越来越广，社会开放度只会越来越大。大多数儿童和青少年的性意识逐步提前。这种意识的提前，给他们的身心健康带来很大影响。

比如给孩子洗澡，就是树立孩子性别差异，教育他们保护自己的一个重要步骤。通常在为小孩洗澡的时候，父母可以告诉孩子，身体各个部位被人碰触的尺度范围在哪里，例如脸颊可以亲吻，但是限于亲人之间，有第三者在场时，可以与别人牵手，但限于某种状况，生殖器绝对不能被人碰触，即使是隔着衣物和手套。

需要特别说明的是，针对与孩子相同性别的父亲或母亲的关系中，比如在父亲和儿子，抑或母亲和女儿的关系中，家长一定要负起责任。这个责任从给幼年的孩子洗澡做起很重要。尤其是那些国内习惯缺席日常亲子教育的父亲们，与其日后抱怨自己的儿子男子气概不足，不如早早全身心投入亲子抚养和亲子教育，以身作则告诉孩子堂堂正正的男子汉应该是什么样。

如果父母不能给孩子一个正确的性别引导，让孩子在一种性别含混、模糊的环境下成长，会在成人后引发性心理障碍、性扭曲等问题。“同性恋”“性变态”和“性犯罪”很多都是因为幼年时期不正确的性别教育引发的后果。给孩子树立正确的性别意识，对他个人的成长、发展都会起到很大作用。因为父母没有及时引导而对性持错误态度的孩子，会严重影响性格的发展和人际交往，从而影响孩子正确三观的塑造，进而彻底影响孩子整个的人生命运。

简而言之，儿童的性别教育真的是宜早不宜迟。你以为你只是领孩子进浴池洗了个澡，事实上你已经把孩子对人生的探索彻底洗了脑。

现在的孩子，可不是多双筷子就能养活得起的

1.

前些日了，几个女同学过年回家聚会，硬是把一场聚会发展成吐槽大会。

A说自己依然单身，一回家就被七大姑八大姨催着相亲、结婚，都这么大了还不着急自己的终身大事，再不着急真成了嫁不出去的“大龄剩女”了。

已经结婚的B却说，她倒是不会被催婚了，而是被催生孩儿。一家老小苦口婆心劝她生孩子，说是不生孩子的女人

是不完整的，以后老了连个天伦之乐都享不着。

这时大家把目光齐刷刷地转向C，她可是我们这帮人里结婚生子全套攒齐的“模范生”，想必她应该过得很滋润。结果C摆摆手，说：罢了，我也好不到哪里去，我被婆家催生二孩了。

大家顿感无语。原来人生处处有伏笔，你以为历经艰险到达的里程碑，不过是下一次劫难的预备点而已。更意想不到的是，结婚生子全套攒齐的“模范生”C，竟然是所有人之中最焦灼的一个。

C的公婆明里暗里要求C两口子抓紧生二孩，理由是：多子多孙才能多福，你们再不抓紧点，以后你们想生都生不出来了。C他们不是不想生二孩，而是现在生养二孩，限制因素实在太多。

C的公公不以为然，多个孩子不就是多双筷子的事情吗，能有多难！C冷笑了一声：现在多个孩子可真没多双筷子那么简单！

C的公公脸色变得很难看，指着自己当年违规生育差点上不了户的小儿子无不得意地说：我这不也生了两个娃吗。那些独生子女的父母们，现在哪个不羡慕我当年的高瞻远瞩！

C看着年近60岁，却为了两个儿子依然奔波在一线不敢退休的公公，多年来都舍不得买一件新羽绒服的婆婆，也不便多说什么。再明显不过的道理是，普通人家的多子女成长都是父母在负重前行以压缩自己的生存空间、降低自己生活质量为代价换来的。

在我们上一辈那个养孩子成本不算太高的时代，大人、小孩的物质欲望都不大，多一个孩子都不是“多一双”筷子那么简单的事情，更别说现在这个养孩子成本加速增长的时代，着实让人无法不焦虑。

2.

这个时代，你不敢给你的孩子喝不好的奶粉，喝好的奶粉就意味着“钱”。

这个时代，你必须淘汰烦琐的尿布给孩子换成纸尿裤，雪花片一样换掉的纸尿裤意味着“钱”。

这个时代，成人嚼碎了食物直接喂孩子的习惯早已摒弃，孩子的辅食罐头意味着“钱”。

这个时代，怀孕的时候补叶酸、维生素、钙片，孩子在襁褓的时候补DHA、牛初乳、鱼肝油，孩子高质量的营养健康意味着“钱”。

这个时代，同龄的孩子们天天比着琴棋书画的广泛爱好，双语幼儿园里的孩子接受的都是蒙台梭利的教材，高质量的学前教育还是“钱”。

这个时代，“孟母三迁”不再免费，学区房意味着钱，孩子一对一补课意味着钱，孩子拓思路的游学夏令营还是“钱”。

社会的飞速发展，知识的加速更新使得育儿成本也在飞速上涨，任何不想让孩子输在起跑线上的父母的焦虑都是必然的。同上一辈封闭保守的育儿环境相比，这个时代的市场经济日益发展，教育资源的市场化程度也在日趋成熟。

市场化的资源，本质就是“金钱的流向和指向”。高质量的教育，很大程度上意味着父母对孩子必须在金钱上“高资本”的投入。

工业时代的社会保障体系日益完善，从物质上摆脱了滋生于农业社会的“养儿防老”的代际束缚，依靠生更多的孩子赡养老年不如自己从现在开始好好奋斗。从情感上来说，强调“个体”脱离原生家庭保持必要的边界是大的历史趋势，想靠着“愚孝”让孝子贤孙把你供成“活祠堂”简直贻笑大方。

孩子不是我们养老的工具，也不是我们延长个体生命的克隆人。他们是独立的个体，独立的生命，只是有幸与我们携手成长一段感恩的时光。他们的到来让为人父母的我们有了关乎生命的深刻思考，有了鞭策自己奋发向上的动力。

3.

胡适就曾说：我想这个孩子自己并不曾自由主张要生在我家，我们做父母的不曾得到他的同意，就糊里糊涂地给了他一条生命。况且我们也并不曾有意送给他这条生命。我们既无意，如何能居功？如何能自以为有恩于他？他既无意求生，我们生了他，我们对他只有抱歉，更不能是“恩”了。

在这个信息飞速发展，市场经济发达的现代社会，经济基础决定上层建筑的真理将进一步巩固，一个人的发展越来越取决于他接触到的资源。隔开客观大趋势，个人的主观努力简直微不足道。而更残酷的事实是：

比你占据更多资源的人的孩子，往往比你家孩子更努力。你唯一能做的，是竭尽所能地给你家孩子提供你力所能及的最好的资源和条件。

我常思考我们一辈及其以上的长辈的育儿观，都是多子多孙多福，强调的是“以量取胜”。之前看过一则报道，说一个穷得一清二白的家庭居然生了13个孩子。原因是这些孩子的父亲认为，这么多孩子碰碰运气总有一个孩子能有出息。这个有出息的孩子如果能帮衬他的其他兄弟姐妹，这家子也就富起来了。

事实是这个家庭因为孩子太多顾不过来，孩子们都被父母“放养着”长大，几乎没一个人考得上高中。在农业时代的多子女家庭中，这些孩子尚可拼力气成就个事业，但在现在的信息时代，没有足够知识储备的人别说功成名就、光宗耀祖了，连起码的生存都成问题。

但是真正阻碍这些孩子成才的更深层原因，是孩子父母的身教。比如这13个孩子的父母都是目不识丁，他们对孩子的期望和教育，最多不过是费着口水一遍又一遍的叮嘱，你们要成才，你们要有出息！

4.

但是怎么、成才？怎么有出息？身为社会底层的父母，他们自己也不知道。没有通过自己实践出真正的“成功成才”方法论，他们心目中的“有出息”，不过是他们自己臆想的“皇帝家的金锄头”。

父母把自己未完成的梦想寄托在子女身上，作为自己人生的延续，是古今中外的特色。

尤其是当一个家庭的开源是恒定的，他们若是想“有质有量”地抚养一个以上的孩子，那么只能像C的公婆那样，把孩子当成“索命绳”一样，通过压缩自己的生存空间、降低自己生活质量来换取孩子的成长空间和成长质量。

而这种以“父母压缩自己的生存空间、降低自己生活量”的育儿方式，其实是以牺牲自己的成长空间、进步空间为代价的。

这个代价的后果就是，把自己拴在一亩三分地的小格局，对探索新鲜事物失去了好奇心，埋葬了自己奋发向上的初心，自甘落后于时代，跟儿女有了代沟隔阂。最后又给自己的懒惰无能找好了前可攻后可守的借口：当初要不是因为你，我早就……

他们能且只能把自己都做不到的期望寄托在子女身上，只能苦口婆心地靠“言传”指导子女“成功”，因为他们自己都不曾做到“成功”，又怎么会“身教”？

可惜父母作为最早引领孩子教育的人生导师，“身教”的作用永远大于“言传”。

你在行动上勤于奋斗，你的孩子就会学会勤奋；你在视野格局上有所追求，你的孩子就会学会思考。

你自己学会“人生得意须尽欢”地善待你自己，你的孩子也会在“富养”中学会如何自爱。

你自己学会整合人生方方面面的资源走向成功，你的孩子也会在观察你的过程中学会对人生慢慢地运筹帷幄。

父母的思维逻辑在什么层次，孩子就站在什么档次的人生。所以民间有云，龙生龙，凤生凤，老鼠的孩子会打洞。

那些告诉你过去生了多个孩子照样能养活，或者言曰：

“儿孙自有儿孙福”的自我安慰，在时代趋势面前实在不堪一击。寻常人家在跨越阶层难上加难的今天，在人工智能逐渐大规模淘汰人类各项没营养的机械工作的今天，如果你不想让你的孩子永远在社会底层，那么除了少生优育，别无他法。

所以说，现在生个孩子，可不是多双筷子就能养活得起的。生养孩子，应该量力而行，为生命负责。

且“生命”这个词应该是复数，不仅包括孩子的人生，更要注意自己的人生。

活好自己的人生，才有资格指导自家孩子的人生。不然，别说服众，自家的小孩都不服你。

用力过猛的自作聪明，不如朴实无华来得实惠

人品厚重是为人处世的第一要义。

相比我们这些脑筋不懂得转弯，说话不懂得变通的愚笨的主儿，有些人注定就是“有心眼”的人。他们一直是父母口中巧言令色的“别人家的孩子”，天生自带主角光环，早熟、早慧且深谙世故与实用主义，内心对人情利益的精明算计速度胜过“天河二号”。人情练达即文章。于儒家的中庸，人家懂得抹稀泥，饱经世故少开口，看破人情但点头。于道家的超世，人家则学会明哲保身，见人只

说三分话，未可全抛一片心。这些用现在的流行词语定义属性，就是所谓的“高情商”。

所以，近些年来，《甄嬛传》《琅琊榜》《芈月传》等电视剧火热荧屏的现象也就不足为奇。人们津津有味地谈论着电视剧中那些尔虞我诈、钩心斗角的情节，急不可耐地从中摄取营养为自己的“情商”补脑。人们仿佛逐渐默认了一个真理：在这个险象丛生、人心不古的社会环境里，自己没有心眼，不懂得韬光养晦、运筹帷幄玩转心机，就注定沦为炮灰角色，下场定然凄然无比。

仿佛一夜之间，你要是没点心机，你就不应该存在。这让人着实焦虑。于是人人皆危机，人人都世故。只是这番世故心机用力过猛，一不小心就变成自作聪明。

比如，一向被公认“有心机”的A君，最近特烦恼。

A君媳妇怀孕的时候，天天在朋友圈里吐糟孕初期的不适与艰辛的同时，也不忘抒发初为人母的欣喜。所以，尽管A君不玩微信，但是群里的朋友都知道他媳妇怀孕的事情。等朋友们再见A君本想祝贺一下，顺口问A君一句，你媳妇是不是怀孕了？

结果A君并不知道朋友圈的宣传威力，矢口否认到：绝对没有的事儿。

本想开口祝福的人立马意兴阑珊。

部门同事S的父亲去世。S在业内属于实力干将，前途大好，但是为人低调内敛不事张扬，所以同部门的其他人并不知晓这件事。直到无意中听到和S相熟的外部门人员说起此事，还表示曾在S父亲的葬礼上遇到过同部门的A君。鉴于S平时的好人缘和好口碑，大家一起商量着给S一些慰问金表以问候，便去询问A君想做个参考。

结果A君又来了一次信息不对称的自作聪明，一脸疑惑地装糊涂：S的父亲去世了？我还不知道呢！给慰问金有点尴尬吧，我就算了……

这次，大家是彻底倒了胃口。

而后不可避免的“打脸”行为，都只是时间问题。先是A君在医院陪着怀孕的媳妇孕检遇到体检的朋友，后来S一次请客当着全部门的同事感谢A君在父亲葬礼上的帮忙。A君好不尴尬，大家却都彼此心照不宣地集体沉默，算是留了个薄面。

但从此之后，众人与A君皆保持有距离的“泛泛之交”。A君更是坚信世道多艰难，人心隔肚皮。

也能理解A君的缜密心思，毕竟在人际关系圈里的相处谨慎低调不是坏事。但是他过度的精明之所以让人存在反感，还在于他的处世之道中少了一份坦率多了一份自大，太过看重“术”在人际关系中的应用和作用，却低估了身边人雪亮的双眼和智大无穷的情商。这个世界聪明的人太多，不会比想象中少，保持谦逊和敬畏之心尤为重要。

从林法则的争执焦点，永远都是在既定圈子里通过争夺优势资源去满足自己的最大利益。不过从提炼出来的重点词“既定圈子、优势资源、最大利益”可以看出，就算是“心机谋略”这玩意儿，也是讲究目标讲究对象的，毕竟生命短暂、精力有限。虽说我们喜欢“不惮以最坏的恶意揣摩人性”，利益争执也不是没有，但是现实生活中多数琐碎的日常小事儿不涉及苦大仇深，现实生活中他人永远都是最关注他们自己，时时刻刻算计害人的毕竟是极少数。周围人群虽说不用个个交心，但是也绝对没必要全部当成假想敌弄得自己风声鹤唳、草木皆兵。一层一层往自己脸上戴面具，用力过猛的自作聪明，最后事情做过头，过犹不及。

有人说伪装是一种保护色，但是没有智慧阅历沉淀，没有格局做底色的自作聪明是一种班门弄斧，画虎不成反类犬。自以为是的大智若愚本质上恰恰是故弄玄虚的大愚若智，能被旁人一举识破的心思，离心机还差着火候呢。遇到不想回答的问题可以笑而不语，遇到难堪的境地自嘲也是一种境界。学不会仪态万千的艳丽动人，不如朴实无华来得清爽坦率。正所谓，人品厚重是为人处世的第一要义。

很多时候，人际关系就是一面镜子。与其抱怨他人晦涩黑暗的“人心隔肚皮”，不如说你从别人身上看到的其实就是自己的倒影。

delicious

看得见的光鲜，看不见的苟且

取悦你自己，才是正经事

看得见的光鲜，看不见的苟且

1.

不知道从什么时候开始，于初出茅庐的年轻人而言，不去大城市奋斗就是在舒适区加速堕落逃避自己的无能，在小城市安居乐业成了一种所谓的“政治不正确”。

《欢乐颂》里，生活在小城市以给别人修电动车为业的邱莹莹父亲接到女儿打来的长途电话，满面笑容。他一边为女儿在大城市找到新工作感到由衷地开心，一边心疼着电话费，一再地嘱咐女儿一定要在大城市立足后，急急忙忙地挂了电话。

“一定要留在大城市啊！”邱莹莹的父亲没有在大城市立足，所以不知道立足大城市的“成功”应该是什么样子的。为了让女儿在大城市立足，在女儿最迷茫、最失落的时候，邱莹莹的父亲不惜亲自去了一趟大城市为女儿鼓气，并带了很多关于成功学的书籍。

后来，这些书籍被可以轻易在大城市立足的精英安迪斥为害人不浅的“精神鸦片”，被渴望在大城市立足的底层奋斗青年邱莹莹歇斯底里地反驳，原因是：这是我爸爸给我的，这是我爸爸给我的！

底层人民极其向往精英主义，而真正的精英却在反“精英教条主义”。立足精英云集的一线城市，在一部分渴望跳出落后的小镇人民眼里，在一些渴望实现一步登天、实现阶层跨越的三四线城市居民眼里，仿佛是规避一切人间不如意的世外桃源，是自己黯然半生不得志的另外一种寄托。

人这种生物，对自己行为的刻意美化，是一种本能。看得见的都是光鲜，看不见的都是苟且。

2.

每年秋季招聘会，都会有不少迷茫的孩子捶胸顿足：到底是要一张大城床，还是要一套小城房？

A说她想留在大城市，因为她想见识更广袤的未知，想开拓更具潜力的自我，但是她的父母却不同意。因为父母深知一个各方面都资质平平的姑娘，纵然心比天高，但是白驹过隙的青春根本不足以支付留在这座人才济济的城市白手起家的艰难与成本。他们的城市，不大不小，不冷不热。回家的话，彼此居住在附近，也好有个照应。他们不求她能光宗耀祖，只求她能小富即安。

B说她想回家，她受够了成天漫无边际的漫漫人群，受够了排山倒海的生存压力，但是她的父母不同意。他们说那个小城市是个看不到希望的地方，那是个没有生气的地方，祖祖辈辈循环如此。已经念了大学还要回到原点，那就跟隔壁家初中辍学的张三没了区别。去大城市闯一闯，才有更多的可能性，在家人、亲戚、朋友中也算有个面子和交代。

老牛说，水很浅；松鼠则说，水很深。留下岸边的小马，独自踟蹰，犹豫不决。

正好A和B的家乡是同一座城市。逐渐老去的长辈们，对同一座城市的认知，很大一部分取决于他们自身所处环境，以及他们在所处环境所实现的自我价值。这些带着血泪换来的教训，连同他们终身不可逾越的思维局限，被他们编织成成功的或者不成功的人生经验，输送给自己的孩子当真理。

可是年轻人天生反骨。A把无处安放的野心赌在了大城市的明天做了房地产销售，B把终将逝去的青春安放在了宁静的小城考上了公务员。

3.

留在大城市的理由简直数不胜数，人文环境、职业机会、教育质量、便利生活……因为承载了太多的梦想，所以爱屋及乌。大城市的空气比家乡的清新，那里的拥堵比家乡的蕴藏生机，那里的环境污染都比家乡来得高端。

其实，大城市没有那么好，小城市也没有那么不堪。只要有人的地方，注定就有躲不开的江湖，躲不开的人情世故。

一位在北京生活了20年的亲戚说，因为资源配置的完成和阶层的固化，对于想要挤进去的年轻人，北京是越来越不宽容了。能在这个高房价、高消费、高物价立足下去的唯一要素，其实就是钞票。

成功是极少数人的专利，诗和远方的情怀，在冰冷现实的面前脆弱得不堪一击。大多数的平凡人，终究只是平凡中的一个。在一个举目无亲的大城市，如果只是个邱莹莹一般的寻常人设，不是“官二代”和“富二代”，也不能像美女作家那般，通过嫁人结婚有了现成的房子可以立马拎包入住，或者靠着才华发家致富，那么你只能像被剥削了土地的农民一样，租着隔间、挤着地铁混迹在人群，依靠出卖劳动力为生。以降低自己的生存质量为代价，在这个偌大却拥挤的都市角落里为自己争取一个生存空间。

你无上限地拼命努力，可等你再抬起头来，房价已经遥远到你这辈子再怎么努力都追不上的地方，比你自己的梦想还要朦胧。在中国，房子不仅是遮风挡雨的庇护所，更是涉及户籍、保险、医疗、下一代教育的通行证。

4.

大城市的繁华给了我们无数可能的同时，也给了我们一个缥缈的上限。到不了的都叫远方，实现不了的上限，只能是蹉跎岁月。现实如此，你选择前进叫作不屈，选择退出叫作止损，当然也可以选择继续观望。

比如有待了一些时日，就一心一意要留在大城市的姑娘不免多少患有“一线城市优越症”，对家乡有着刻薄的评价：“那边的人咖啡喝雀巢，买包认皮尔卡丹，穿名牌只穿梦特娇。”

在她的眼里，家乡就是落后的代名词，所以她不愿意回到那个祖祖辈辈生活了百年的地方。在她的眼里，那里的生活缺乏视野广阔的大格局及对“未知世界”的探索精神，只能按部就班在可以“看得见未来”的体制下度过平庸的一生；对广袤的精神世界没有深层次追求，只懂得每天三点一线的生活；在狭隘的视野里同僵化的社会风气同流合污，进而变得暮气沉沉如同行尸走肉一般。

这个倔强的姑娘在加班回家搭乘的最后一班地铁上，发出的朋友圈状态“我就是要在北京开始改变命运的步履，无论前方多么艰难。”引起一片肃然起敬的红心点赞。

比如有在北京打拼了7年的“北漂”对我说，他特别羡慕当初考进“985”和“211”重点大学的高中同学。原来以为普通大学和重点大学的区别在于师资力量和学生素质的差异，后来才知道这两种大学的真正区别在于环境和资源上的差异。进了世界500强的中国企业下级单位，每年都会进驻这些学校开定向招聘会，于是这些同学有了双向选择自己命运的机会。这个机会让这些人回家的底气充足、方向明确，而留在这里也成为一个选项。

他说：“而我，是被迫留在这座举目无亲的一线城市的。”我说：“其实你也可以回去的啊。”

他笑笑说：“比尔·盖茨的那句话怎么说的？我也许就是没有优越条件回家的那种人。我回不去了，回去了行业专业也不对口。在北京待了这么多年，人际关系资源和生活习惯都已经投入了成本，精神上的东西已经在这个地方扎了根。现在回去一切还得重新开始，上不着天下不着地的。”

再比如也有在北京几年做得风生水起的编辑，跟我说她要辞职回家了。我赫然不已：你在这边做这行挺有前途的，回去能有什么资源，回去能干什么?

她自己倒是坦然自得：“我来北京的时候就给自己设定了一个期限。年轻气盛的时候不出来长长见识，根本给不了自己的不甘心一个心服口服的交代。现在这个期限已经到了，我也知道了自己到底需要什么，到底合适什么，能力的上限到底又有几何。”

她讲着家乡近些年来速度惊人的城市化发展，注意到当地政府大力发展文创产业对人才的需求，以及永远放不下的父母和此生难改的家乡口味偏好，还有漂泊游子对安定的渴望。她说：“她的决定思考良久，绝不是贸然产物。比起漫无天日的妄自菲薄与傲慢偏执的隔岸观火，她庆幸自己有选择的余地，能遇到天时地利人和的机遇改变自己命运的同时，亲身参与和见证家乡剧变的进程。”

感恩这个互联网和高铁飞速发展的时代，人与资源的流动性超乎想象。让一切皆有可能。

既然选择决定命运，那么做决定的时候，不妨拎得清，拿得起，放得下的同时，用发展的眼光看待问题。

如此，所有为沉淀的梦想做出的抉择，都值得尊重与赞扬。

比起鲜活逼人的凤姐，有些人穷得只剩下优越感了

1.

于一些人而言，世事的烦琐，现实的凛冽，不幸的遭遇，甚至路边让他们不小心扭到脚的石头，无不在时时刻刻打击他们生而为人的自尊心。

这时候真正能让他们感到好受的，不是那些心灵鸡汤之流的片儿汤话，而是他发现，于他而言，比上不足，比下还是有余的：原来在这个世界上，有比他更惨、更丑、更不幸、更底层的人垫底，他不是那个最差的。想到这里摸摸胸

口，被现实摧残的弱者们心里满满的安全感和满足感。

但是人性的真相在于，如果他发现那个比他惨、比他丑、比他底层的人，不仅不安于那个垫底的身份和现状，反而一再用行动、用言语自不量力地挑战“不合”他自己身份的“政治正确”，那个被生活压迫的弱者便开始狰狞起来，想尽一切办法打压和嘲讽那个“垫底的对象”。

比如，凤姐曾经就充当过这么一个“垫底的对象”。

当初被炒作团队以“审丑”为名横空出世的时候，没样貌、没出身、没学历的凤姐自诩“9岁起博览群书，20岁达到顶峰，智商前300年后300年无人能及”，征婚条件竟要求身高180cm以上的清华北大经济学硕士。

一时间，笑掉众人的大牙。

她的“自不量力”对照她的客观条件，很容易成为那些“相对的”自我感觉良好的人士心目中可以随意揶揄嘲讽的“垫底人士”，成为失落者们在网络上发泄怒气和浮躁的聚焦靶。作为早已被定性成“丑角”的网红，她的一举一动，嘲笑奚落之声自然不绝于耳，各种唱衰之词溢出屏幕，满眼污言秽语比比皆是。

其实凤姐一直都颇有自知之明，她对自己的境况清醒得令人吃惊。她的坦率之处在于，她直面自己的底层出身，承认自己因为贫穷带来的窘迫和不甘，敢于面对自己想要逃离贫困的野心，并付诸自己所能探索出的一切行动。比如她在微博中直言：

我也努力过，我也挣扎过，毕业后，我去了偏远的地方做教师。希望为教育事业贡献一点力量。我去了上海，希望有好的职业生涯。我投出一万份简历，却没有找到合适的工作，只好在家乐福做收银员。不是我不努力，而是我的起点太低。当人的口袋里只剩下最后一分钱，为了挣钱被人当猴围观也是可能的了。

2.

所以，她被团队包装以“审丑”炒作出名时她没有拒绝，略有积蓄之后便去了美利坚的土地去寻求另一种生存的可能性。只是，当井底的弱者还在试图从凤姐身上刷取一点优越感的时候，凤姐自己却从未放弃学习的步伐。去美国后，她是真的读书万卷，行路万里，批判思维和独立思考的能力高出嘲笑她的人们一大截。

通过积累，凤姐这些年英语进步不少，据说也拿到美甲师职业资格证，进驻曼哈顿高级美甲店了，月薪6000美元。后来她进驻凤凰新闻客户端主笔，成了王路和刘仲敬的同事。再后来，她开通了公众账号，不打广告、不荐号，而粉丝数量却急剧上升，阅读量飙升至10W+,一篇文字打赏轻松过万。其实要说思想的深度，凤姐的修行还有些距离，她的语言风格和行文技巧也趋于质朴简单。

但难得的是，她从来不避讳谈论自己在美国初来乍到时的生涩和艰辛，也从不否认自己曾经借炒作出名，也不会在成名之后像暴发户一般对准自己出身的社会阶层进行猛烈抨击。在当今满是浮躁氛围的写手圈，凤姐行文不以偏概全、不偷换概念，不会为了自己泄愤过度描述一个案例去挑拨人民内部仇恨。她习惯对自己的草根阶层满怀悲悯地反省，然后对眼前存在的现实实事求是地就事论事。

比如，对女歌星张某事件总结出的大实话：越是和财产分割有关的事情上，父母的意见往往是正确的。特别是物质的决定，至少不会让我们人财两失。但是我们别的没学会，反倒是把严以责人，宽以待己，用政客对待政敌的方式对付亲人学得蛮快。

对美国“医患制度”的观察一针见血：美国医生不把患者当暴徒，患者不把医生当贼的原因在于，他们社区医院制度提升了他们整体的医疗服务质量。

对体育举国体制的看法是：举国体制下国家投入资源发展体育事业，对穷人其实是公平有利的。因为那些并未市场化的训练艰苦的体育项目，“富二代”家的孩子根本不会参与其中，但对于穷苦出身的孩子是一条改变命运的出路。因此，他们需要对比赛成绩负责。

对亲子教育的思考是：不要将孩子的教育太过功利化，太过现实化，多一些人格培养很重要。不然就算成为最成功的“虎妈”，本质上也是一个可悲的母亲。

对人性的观点是：坏人总是希望别人守规则，将好人绑架在道德制高点，这样他们才能从中牟利。

3.

可惜，凤姐已然不是当初的那个凤姐，但弱者还是那群自欺的弱者。

最近，凤姐在纽约搬家。搬家等车的时候大概因为搬家事杂疲惫不堪，在大街上蹲下来稍作休息。这一情景被人抓拍下来放到国内的社交网站，毫无例外地配以醒目标题，提醒着国人凤姐飘居海外的凄惨和落魄，语气满是惯性使然地酸腐和揶揄。

人们只愿看到自己想看的那一面，媒体则如愿报道人们认为理所当然的那一幕，哪怕歪曲事实也在所不惜。自欺与偏见，相辅相成，浑然天成。

其实，有些人总是屈服于自己的懒惰懦弱，逃避思考，逃避判断，逃避充满挑战的人生。他们失去了改变命运的锐气，停止了探索生命的更多可能性，因而失去争取更大进步的步伐的机会。但他们受制于自己惰性的同时却又不愿停止自身欲望的放纵，只好在别人身上急切地寻求优越感来自欺欺人，以此转移对自己无能的谴责与苛刻。

于凤姐而言，她的见闻与思考凝聚成的格局，已经跳出她原先的阶层，充盈了她命运的各种可能性，彻底改变了她生命的广度。对此她心怀感恩，所以有底气以一个强者的姿态，对去嘲讽、揶揄她的人设施舍原谅：如果打破他们的臆想会使得他们一蹶不振甚至从此开始怀疑人生，那么我宁愿他们活在自己的臆想之中。对喜欢幸灾乐祸的看客，你们开心就好，我无所谓。

这样看来，比起鲜活逼人的凤姐，有些人穷得只剩下优越感了。

当“大学生”成为一种原罪时

1.

那天在一个作者群里讨论到现阶段舆论金字塔的最底层群体的时候，大家竟然结论惊人地一致：大学生。

前些日子，在广州上学的某大学学生实在不堪忍受酷暑时节该校校舍没有空调的燥热，发起了一个向学校提议“给学生宿舍安装空调”的倡议活动，被凤凰网转载之后掀起一片谩骂：

“20年前，我在广州读书，8人一个宿舍，风扇都没有，那岂不是不要读书？是人来适应环境，不是环境适应人。现在的大学生啊，国之不幸，家之不幸！”

“这些娃娃读完大学能有什么用，这点苦都吃不了！”

“现在的大学生，简直不要脸！”

……

看到这里我非常不解，一是仅仅“大学生请求为宿舍安装空调”一事竟然也能被当成一个新闻噱头被大肆报道；二是为何“大学生安装空调”这么简单的诉求会上纲上线到“国将不国”的人格辱骂?

整个事件无非就是“一群接受社区管理（大学校园）的年轻人不能忍受酷暑，采取文明倡议的方式请求社区管理处安装空调”，只不过这群社区管理下的年轻人的身份是大学生。如果换成同样接受社区管理的同龄人，如产业园区居住单身宿舍的技术工人因为酷暑要求园区宿舍安装空调，显然不会有“这些工人吃不了苦，如此以往国将不国”这般排山倒海的舆论攻击。

每个时代的年轻人，都有被时代赋予的历史使命。上一代人的艰苦努力，正是为了下一代人不用重复自己的苦难。事实是，那些人抨击的根本就不是“大学生不能吃苦”，他们抨击的只是“大学生”三个字。

2.

百年大计，育人为本。中国传统文化对教育的推崇与重视举世闻名，先祖们很早就认识到人才对生产力发展，对治国经略的重要性。对知识的敬畏，对知识分子的尊重，为曾经的“大学生”这一名词加持了一层神秘的光辉。在生产力不发达的年代，各种资源匮乏使得高等教育成为一种精英教育，成为一种奢侈品，大学生也就成了香饽饽，社会精英的预备军。

待到社会生产力发展到一定阶段，资源相对充裕时，高等教育逐步普及化和平民化，高校扩招政策使得社会上更多的人有了接受精英教育的机会，大学生这一群体在数量上逐渐扩大化。虽然还有高等教育远远未到“全民化”阶段，对其人群依旧有着相对严格的筛选标准，但高等教育的平民化和扩大化，让更多人可以在日常与“大学生”这一群体接触，从而将以前因为距离产生的“天之骄子”神秘光环消除：原来骄子不过寻常人。

但是极端的地方在于，一些国人扭曲太久的心态对某些特定事物的态度非黑即白到没有中间地带的地步：捧的时候捧得高高在上，从那句“万般皆下品，唯有读书高”可见端倪；踩的时候则踩得低入尘埃，一句“现在的大学生啊”立马彻底否定乾坤。

在这场舆论的讨伐里，一些“老一辈们”之所以会对“大学生”愤愤然踩上一脚，是要找一个出口泄愤他们曾经经历的那些时代的磨难和困顿，见不得别人比他们舒服：凭什么你们现在过得要比我们当年轻松，我要是生在你们这个时代，不知要比你厉害多少倍！

一些同龄人对“大学生”的落井下石，则是需要借机释放他们当年没有挤上高考独木桥的不甘和愤恨，以平衡他们在“大学生”面前的“低人一等”天然自卑造就的失衡：既然不得之，那就毁灭之，狠狠羞辱一番才可泄我当年心头痛。

而社会上的其他人，对于曾经的天之骄子——“大学生”依旧抱着些许神秘的仰视观感，但看到别人可以随便任意地贬损“大学生”，使怨气得以发泄的同时付出成本代价为零，从众定式会使他们产生非理性思维，人性中恶毒的一面被激发出来，自觉融入批评和贬损“大学生”的盲流之中。

这些盲从混沌的人流，为了批评而批评，为了贬损而贬损。至于批评和贬损的动机是什么，他们所针对的群体行为的本质和事情本身的是非真相是什么，他们不知也不愿知。

他们唯一知晓的是，墙倒众人推。

3.

身为现今的大学生，在舆论上仿佛就是永世不得翻身的原罪，带有莫名敌意的苛责铺天盖地。

比如，隔三岔五上热榜与热评，最抓人眼球的猎奇新闻，永远是那些以“大学生”三个字为噱头的花边新闻：女大学生求职遭遇潜规则；女大学生同居堕胎引发生命危险；大学生发生暴力斗殴事件；大学生误入传销组织家破人亡等。

比如，大学生俨然已成为某种派遣失意与困顿的标准参照物。于读书路途未得圆满耿耿于怀又郁郁不得志的凡智人士而言，最能从“读书无用论”臆想出带着酸味的心理补偿：现在的大学生早就不值钱了，连一份像样的工作都找不到，北大毕业生还不是照样出来到菜市场去卖肉！于情场失意自卑自大盘算咸鱼翻身的“屌丝”而言，酒桌上杯盘狼藉后的豪言壮语响彻天际：她算是哪根葱，还不是老子看得起她？追老子一等一的女大学生多了去了，还都是“985”和“211”重点大学的！

再比如，“大学生”三个字是少部分不思进取、“变老”的坏人们玩起“双重标准”的遮羞布。

在如今这个社会，任何人都可以趾高气扬地站出来，对知识进行羞辱，对教育进行苛责，对大学生这一群体极尽嘲讽。尽管现阶段大学教育诸多弊端，象牙塔里问题重重，但是为自己争取接受更好的高等教育的机会，依旧是现代社会大多数寒窗十年的莘莘学子改变命运性价比最高的康庄大道。

宣称读书无用的，永远都是那些没有读过书的人。

4.

王小波说过：“愤怒是对自己无能的痛苦。”要知道，相对于大学生们朝气冲天的突破自我，勇于将自己命运掌握在自己手里的决心，那些羡慕、嫉妒的情绪才是真正的原罪。针对大学生，对于那些莫名的敌意，那些莫须有的罪名，我想说：

“在分工越来越精细化的工业社会和后工业社会，术业有专攻。即便在校园学习的知识运用于日常的工作知识技能只是皮毛，但是高等教育的真正意义在于，通过高等教育建立的知识体系和思维逻辑，让高校学子时刻保有敏感的好奇心，保持着新鲜知识自学更新升级的能力，而不会面对挑战与机遇束手无策地坐以待毙，自甘成为被时代淘汰掉的一粒沙。”

纵使大学生面对的就业压力与生存压力是不争的事实，但是能让更多的年轻人有幸得到接受高等教育的机会，是提升国民素质、人才兴国的第一要略，功在当代，利在千秋。这个机会带来的财富不是当下可兑换出的物质财富，而是让更多的年轻人有了更多的格局和更广阔的视野去眺望世界，认识自己，学会独立思考建立了批判性思维，激发出超出自己之前认知范围的能力和思想，用知识的力量，去改变自己、改变世界，改变我们自己的未来。

再者，即使不能否认新闻中“奇葩”大学生的原型存在，但是世上无奇不有，从比例上来说离奇的事情放在大学生之外的人口上更是多了去了。任何针对这一群体个别行为的过度渲染制造舆论攻击，本质都是一种求而不得欲灭之的挑衅行为，赤裸裸暴露了自己嫉妒、无能的缺点。起码我身边的大学生都是每天三点一线的生活，规规矩矩地念书，从从容容地毕业，老老实实地谈恋爱，然后兢兢业业地走上平凡的工作，在平平淡淡的日子中做出属于自己的那一份小贡献。是人便有爱恨痴嗔贪，属于年轻人的欲望和困惑他们逃不过去，属于正常人的喜怒哀乐他们也正常经历，家庭事业上的机遇和挑战同时并存。作为平凡的大多数，他们的生活里有的跌宕起伏，而非离奇荒诞。

那些针对大学生怀有莫名敌意的舆论制造者们下次再想往这个群体身上扣“莫须有”罪名的时候，不妨好好琢磨一下《来自星星的你》中千颂伊的经典台词：

听说人心就是如此：看到好的地方比自己好的人，不是想着我也要去那里，而是你也来我这泥潭里吧，下来一起沉沦吧。但是，不好意思，我是不会下去的，你生活的那片泥潭，怨恨某人，嫉妒某人，如地狱般的地方，我是不会去的，所以不要再向我招手叫我下来了。

那么，别再看不惯那些与你素不相识、无冤无仇的大学生了。省点力气反省自己、提升自己，这个世界将变成美好的人间。

我为什么不赞同年轻人贸然离开“体制”

1.

很多年前我特别喜欢一位女作者，在她还没有发迹之前。

她的笔下，冷静而犀利地分析着中国乡村基层教育的种种弊端，写透了中国农村底层妇女卑微的挣扎，剖析了人性的吊诡中虚浮出来的自私和贪婪。尤其是贫瘠穷酸乡村人家里袅袅炊烟里少见的温馨，在冷峻的色调里更显得弥足珍贵。

虽然她对自己的生存环境一直刻薄苛责，我总觉得她在际遇上是特别幸运的一个人，出身贫寒但却保持着难得的敏感和清醒，在绝望的环境里淬炼出写作的才华，在保守沉闷的大环境下考取了“编制”当教师。

比起“一切看向利益”的私营企业，进了“编制”后年轻气盛的她人际关系紧张，就算不适宜岗位需求也没有“体制”被辞退，领导取长补短让她跨行业去发挥写作才能，去企业单位写材料。结果她心高气傲写不出“和谐社会论调”的材料，领导又“因材施位”给她调了岗位。这份工作给了她近十年的物质支持。就算她有诸多不甘和不满，但正是有了这份稳定的物质支持，她能安心写作才能成为现实。后来她出书，小县城里一下子多了一位文化名人，政府对她的宣传幅度也是震彻天际。其实某种角度上，这位女作家可以说是体制内的利益既得者。

她的情感之路也是波折不断，大龄单身但是从不折腰，那时候她的自我介绍总是少不了一句“喜欢独居”。这个时代美女有不少，作家也有不少，但是货真价实的美女作家真心稀有。很多仰慕她、倾慕她的情书就挂在她的网页上，这么一个才华横溢的美女，只有她不想嫁，而不愁没人娶。一个不忘初心女子的不肯将就终于迎来童话般的结局，她终于等来了能给她广阔天地的安身港湾和温暖臂膀，为她在一线城市里建立起现实的魔幻城堡直接拎包入住。

然后，写下洋洋洒洒的辞职报告后，她决然离开了她眼中的“体制”单位。毕竟情感上有了归宿，物质上有了遮风避雨的保障，各种渠道的粉丝都至少累计了有10万，她是有资格选择自己的生存环境的。

然后她写了一篇离开体制的文章，犀利而深刻地对中国基层体制的种种弊端予以揭露，看得人通透、爽快、淋漓尽致，引得一片赞赏和共鸣。走出体制后，赶上公众号粉丝增长红利，女作家利用公众号尤其在金钱上取得了不俗的成功。

当然也有保留意见的声音，比如“不加V大妈”就写道：

女作家写的为什么离开体制，让许多人叫好。可细想，这不就是一篇《我的前任是极品》吗？和“渣男”共处多年，受尽精神折磨，也得到一些生活供养，最后翅膀硬了之后单飞，向人间控诉他的种种不是。文艺女青年的劣根性大同小异。其实都不是特别勇敢，特别决绝的人，可心比天高。且，擅长美化自己。

结果还没等群众反应过来，那位人气女作家便辱骂了不加V大妈。个别人士说她有些偏执，立马被拉黑。画风开始转向，因为当情绪发泄的快感慢慢散去，一部分想要深入思考的人们发现在女作家的文字里已经看不到她早期的理智和逻辑，剩下的只有怨气和泄愤。

2.

说实话作为一名体制内人员，女作家的文字曾让我热泪盈眶。尤其是女作家带有强烈个人色彩和内心高度统一的煽动性的文字，特别容易触动体制内外各种失落者的内心。于读者而言，那种感觉就是在你还未察觉对方的动态时就已经被自愿洗脑。但是针砭时弊的批判频繁而无用时，人民群众的耳朵特别容易麻木。

是的，我们都知道问题的存在。除了一再的泄愤，我们更需要的是从看得通透的人那里得来解决问题的建设性意见。女作家自诩有高度的社会公民责任感，但是对她批判无数次的社会弊端始终没有建设性的意见，为了经济利益女作家的文字却开始高产。

清理微信聊天记录的时候，我翻了翻积攒许久的文字，发觉她的文字都变成了道德高地上的直白说教，通篇的名人名言，让人乏味。作家文字的灵性，都是用经历和精力磨砺出的心血。每天高产量的输出，又是圈在家里闭门造车，她的文字有些量不抵质，没了过去的灵气。早年的经历是她的梦魇，也是成就她才华的素材。

后来就是那篇批判某男明星揭露其妻子出轨没有绅士风

度的文字，招来铺天盖地的批判，引得作者群里一篇愕然。相比绅士风度而言，人们普遍觉得一个人最基本的道德人伦最重要。这本是一个观念之争，但是在她眼里却成了对她彻头彻尾的批判，是对一个举世皆浊中少有的清醒者的恶意围攻，别人都是乌合之众。

所有被网络攻击过的人，都成为她后来为自己鸣不平的素材。这不禁让我想起了和风车作对的堂·吉诃德，因为自己的狭隘偏执生出的莫名正义，可以把全世界幻想成是同自己对骂的敌人。有时候看她动辄哭诉她的遭遇时，我真想说有时别人没那么多精力去对你释放恶意，你本来就不是世界的中心。只是一个人的性格决定她的机遇，如果你喜欢保持你的性格，那你就无权拒绝你的际遇。世界真是一面镜子，她的映射取决于我们自己。

前几日打开女作者又一篇以离开体制老生常谈的自我介绍和文字，我发现我的共鸣早已消失得无影无踪。“离开体制”现在已经俨然成为一些人标榜自己独立精神和高尚人格的噱头。也许是因为成长的缘故，很多年少时期的意气观念已经被自己颠覆。

3.

比如被她批判得体无完肤的体制下的乡村基础教育，

我也曾经是极度赞同的。但是现在却发现，经济基础决定上层建筑。曾经一再被我们弊病的乡村基础教育的资源配备，是在现有的不发达物质基础上最优化的整合。抱怨乡村基础教育不搞素质教育，与“不吃面包，可以吃蛋糕”的想当然等同。能让所有的乡村孩童完整接受义务教育，已经是国民教育的里程碑。跨越经济基础谈论素质教育，其实是在耍流氓。你和字都没认全的贫穷乡村孩子谈论意识流派的《追忆似水年华》，提高他们的阅读欣赏水平，完美主义不是这么玩的。

有人说体制工作是剥夺个性的囚笼，需要大多数人充当整个机器上的一颗螺丝。但是哪个国家和社会的正常运转不需要这样的螺丝呢？你可以发挥你的个性和才华去特立独行，但是社会离不开这样的螺丝。螺丝精神是一种专业精神，也是一种敬业精神。食人俸禄，忠人之事。

所以，再看女作者之前文字里关于乡村教师“体制”的不堪，我反而由衷地敬佩那些执守一线的乡村教师。尽管现实有诸多遗憾，他们或许写不出道德高地上指点江山的文字，住不进一线城市里的别墅，但是他们兢兢业业地踏实工作是对自己本职工作的敬业态度，是一步步完善国民教育，推进社会进步不可或缺的基石。他们努力教授基础知识，才让大山里的孩子具备了城市化迁移的可能性，让祖祖辈辈贫穷在乡村的居民有了走出乡村最起码的资本。

所以，我觉得走出体制只是一种选择，而不是评判一个人独立精神和高尚人格的标准。我们书生意气的时候总会把自己无能的一部分转嫁给环境因素，却忽视自己的浮躁和缺点，很难反省到自己。相对那些因为不满而走出体制的人，我更佩服那些明明通透清醒，却用自己切实的行动和脚步慢慢改变和完善体制的那些人。

态度决定一切，敬业本身就是一种正向的人生态度。人在任何时候，常怀谦逊敬畏之心是错不了的。而年轻气盛的时候，意气任性有时候意味着自大无知。无论体制内外，有人的地方就有江湖。无论体制内外，业务技术的精深及人情世故的洞察，年轻人需要学习和琢磨的深度都远远超乎自己的想象，关键在于是否自己有心。

只有那些有心的人，体制内那些年沉淀下来的“厚积”，才能在走出体制之后“薄发”，变为自己实现自我价值的铺路石。比如出走央视的郎永淳，出走的资本是体制内积累的技能和名声；出走凤凰的王路，出走的资本是在体制内积累的名望和资源；走出体制的任正非，出走的资本是他在体制内的历练和积累。这个世界没有什么人能够随随便便成功，包括走出体制的女作家也是一样。不说别的，就连被女作家反复唾弃的体制里的那些事儿，也是在体制给她的生存提供最基本的物质保障后，她才能写出文章。人应该学会感恩。

抛却那些“我为人人”的套话，记住，年轻人踏踏实实的工作永远都是为了你自己。“走出体制”固然是一些人的一种自由向往，但是生存才是人在现实世界里的基本需求。所有个人价值的实现都建立在温饱的前提下，保持随时能离开体制的能力必须先是一种能力，尔后才是一种选择。

这些年中国经济的资金高度集中在房产、金融等行业。没能力的年轻人最好不要轻易地“心比天高”。你出走之后遭遇的奋斗历史还没有被写成诗歌，高得离谱的房价就能轻易碾压你生而为人的基本希望，毕竟比起可以拎包入住别墅的女作家，大多数普通人都是白手起家的“无产阶级”。有个脚踏实地、实事求是的人生态度，是你混迹人世的基本品格。

4.

这些年“努力”和“梦想”二词在成功学里的过度滥用，让年轻人离成功的真相反而越来越远。是的，不努力和没有梦想肯定不会成功，但是努力和有梦想也不一定成功。成功本来就是一件需齐聚天时地利人和的事儿。努力和梦想只是“人和”里的小部分。时势造英雄，我们真的无法否定

“机遇”的重要性。唯一能做就是在机遇来临之前，打磨自己的“实力”。这一点，体制内外都一样。

关于成功学，都是被别有用心包装出来的工具，成功者只会让你知道他们想让你知道的。比尔·盖茨不会告诉你身为IBM公司董事的母亲支持了他的第一笔生意，巴菲特也不会告诉你他的父亲是国会议员，女作家也不会告诉你她嫁了一位“土豪”，在走出体制之前累计了10万粉丝不愁钱途的情况下才会显得如此“大义凛然”。

有些人做出决定的时候，已经比普通人有更多任性的资本和试错成本。那些被登出来的出走之后的光鲜例子，本来就有着信息不对称的包装，而事实上，更多的是没有被登出来的为“走出体制”后悔的那些人的落寞与落魄。泄愤与激昂之后，一地鸡毛的更多。

其实，真正禁锢自己的不是体制，是人心。有些黑锅，体制真的不能背。

留点慈悲在人间

1.

犹记得去年冬天格外寒冷，路边的成堆积雪被冻实后结成冰，覆盖了半条马路的面积，路上的行人无不小心翼翼地踱着脚，一步一步地挪过去。

突然听见后边扑通一声，我回过头去，看见一位大姐不慎滑倒。这位大姐挣扎了一下没爬起来，听声音就知道这位大姐摔得不轻。还没等路人来得及过去扶大姐一把，就听见大姐身边的丈夫涨红了脸大声吆喝：“赶紧起来！在大街上丢什么人！”说罢，他绕过了摔倒在地的妻子，迈着大步自顾自地先走了。

那位大姐立马窘迫得不知所措，慌慌张张地折腾了一下爬了起来，粗糙地拍了拍身上的冰碴子，急急忙忙追上自己的丈夫，一言不发地低着头跟在后面。

看得出来，他们俩一个恼怒，一个窘迫，都迫不及待想立刻离开目光聚集的事发现场。

作为一名旁观的路人，那一刻我脊背发凉，真为大姐感到悲哀：当自己不慎受到伤害时，自己的挚爱第一反应居然不是出手相助给予安慰，而是在意自己是不是在大街上互不相识的陌生人心里丢了面子！他的苛责让妻子在摔倒后惊魂未定之余，又多了一份莫名的自责和羞耻。

唇齿相依的夫妻关系都冷漠至此，社会中苛责受害者的思维绝对不是独一味，而是多到令人触目惊心。

前几天的新闻里，源城一位姑娘在路上无缘无故被抢劫犯盯上遭遇抢包，丢了几十块钱和一部手机。报警之后姑娘依旧心惊肉跳，惊恐之余向男友倾诉反被责骂，且接连被扇了好几个耳光。姑娘一时间想不通，悲愤之余跳河自杀。

四川达州的小斯无法忍受父亲长期打着“为你好”的理由动辄挖苦嘲讽、拳打脚踢的家庭暴力，高考之后留下2800多字彷徨与纠结的遗书，在花季年华选择结束自己的生命令人惋惜。然后，没有切肤之痛的网友对小斯的痛苦置若罔闻地说着风凉话：现在的小孩子怎么这么矫情和玻璃心，真是浪费他父母养他的粮食……

最典型的莫过于那则被代课教师“诱奸性侵”的新闻。当实习生事发后报案，立马被无数口水骂到抬不起头来：“男女之间关系复杂，指不定谁勾引了谁”“被抢了身份证开房，这女的也真是傻”“实习生不值得同情，被强暴咎由自取的成分很大，自己应该负有一半的责任”“这个女实习生肯定行为不端或者穿着暴露，不然那个教师为什么不侵犯别人就侵犯她……”

2.

这些年“受害者有罪论”的观点甚嚣尘上。比如，在校园里遭受欺凌的孩子肯定是因为“平时太显眼所以才引起关注，不然为什么不打别人就打他？”

所以，你走路滑倒摔跤肯定是因为你自己不注意，你被抢劫肯定是因为你惹眼，你自杀是因为你生性矫情、意志薄弱，你被性侵肯定是因为你衣着暴露……

遭遇不幸的受害者早脆弱敏感到状态失衡如同惊弓之鸟一般。那些“受害者有罪论”不怀好意的指责，可以轻易冲垮受害者最后的心理防线，加重受害者的心理压力，加速受害者身心的重创。很多低自尊的受害者甚至顺从“受害者有罪论”支持者的奇葩逻辑，不去客观理性地分析事实，追责凶手的罪恶行径，反而不争气地在自己身上过度反省矫枉过正对自己造成再一次的伤害：比如那位滑倒却自责的大姐，遭遇抢劫却被骂自杀的女孩，以及那位被性侵后不能立刻追责反而开始自我怀疑的女实习生。

那么，为什么“受害者有罪论”支持者能够如此笃定他们自己正义的分量，如此坚信不疑自己判断的权威，面对着受害人噬骨的痛苦和纠结的反抗，能够厚颜无耻、毫无怜悯之心地对受害者实施刻薄冷漠的二次伤害？

那是因为，他们喜欢将自己置于更高的道德层面，认为这些人之所以遭受不幸，一定是因为他们做了什么错事而报应如此。他们通过对受害人的抨击而获得优越感，自觉在自己的脑海中强化这个逻辑观念进行自我安慰：只要我不做这样的事，只要我不是他这样的人，我就不会遭到这种不幸。

因为有着这样的信念，大多数人也保持着乐观，相信自己掌握着自己的人生脉络，而不会被某些（有原因的）意外打击致死，以缓解自己对这类客观事实发生概率认识上的焦虑。

3.

这种逻辑，本质上是一种扭曲了的低端的报应论。

这种人最自私，自私到可以无视对别人最起码的尊重，自私到可以刻意无视对别人造成直观伤害，自私到可以不屑他人的原谅与宽恕。他人情感上浓烈的喜怒哀乐，于这种自私的人而言，可以廉价到忽略不计。他们完全以自身利益和自己的感受为中心，享受着蹂躏弱者的快感，霸凌他人的淋漓，屠戮无辜的畅爽。

这种人说白了就是他们有重大的情商缺陷：缺乏最起码的情感沟通和情感回馈技能，缺乏同理心的能力，才会活得如此僵化和粗暴。他们不懂得用温柔可亲的态度拥抱世界，不懂用悲天悯人的情怀去体恤他人，只会在失意失落的人的伤口上撒盐。

这种人最无耻，他们可以枉顾天灾人祸、恶意犯罪等客观事实的存在，将自己置身事外的同时又置自己于制高点，不顾受害者的伤痕累累，通过对受害者的人身攻击、网络暴力进行评判和羞辱进行二次伤害，力证自己的优越感和存在感，寻求虚无的自我安慰和自我肯定。

所以，这不是客观中肯的警告劝慰，也不是恰当正确的警示反思，这分明就是幸灾乐祸：这事没有发生在我身上，我要始终高受害人一等。

4.

只可惜再高的优越感都不能否定那些不以个人主观愿望为转移的客观事实的存在：路面上的冰只要一天不处理，肯定还会有人滑倒；无论自身再怎么遵纪守法，这个社会上都会有犯罪分子的存在；无论年少的孩子再怎么坚强顺从，粗鲁暴躁的父母心心念念的只有“棒打出孝子”……

狼要吃羊，羊圈里的羊它要吃，羊圈外的羊它还要吃；山羊它要吃，绵羊它也要吃；瘦弱的小羊它要吃，肥壮的大羊它也要吃。不因为羊所处的位置不同，或者羊的品种规格不同而改变狼要吃羊的本质。狼吃羊的唯一原因是“狼要吃羊”。到底狼要吃哪只羊，要看狼要吃羊的时候，出现在它面前的是哪只羊。狼吃掉那只倒霉的羊，于被吃掉的羊而言就是飞来横祸、命中劫难，但于狼而言不过是一个“随机暴力”的问题。

承认“随机暴力”的客观存在，是正视“非有责受害者”受害原因的第一步。只有承认这个客观存在的原因才能准确地对症下药，合理协调社会资源，追溯问题根源，制造舆论监督，帮助相关部门追查责任以减少类似事故的再次发生，客观上降低所有人在此事故上的发生率，进而对可能存在的风险潜在人提出善意的安全建议以示警醒。可惜那些谴责受害者的“卫道士们”在直面问题解决问题上成事不足，败事有余，除了挖苦嘲讽和煽风点火外，一无是处。

只是，当他们在煽风点火、隔岸观火的时候，只要有受害者在为此堕落，世道环境就在为此恶化，此为代价。

那么，按照他们这般相信“报应论”思维逻辑，就真的不怕颠倒黑白、是非不分地造孽之后，自己会是下一个“随机暴力”的报应者吗？

那个时候，可别指望有人同情你、帮助你和安抚你，因为别人都觉得你是咎由自取。

所以，留点慈悲在人间。

不好好学习这辈子就会玩儿完

1.

前些日子有个上初二的学生问我，他不打算上高中想直接退学，去打职业电竞。因为他觉得这样比读书有出路。他说他现在学习成绩排名全班倒数，已经对学习全然没了期待和动力。他认为在中国应试教育体制下以学习成绩论短长实在不公平，他自己也不屑去做个死板的“书呆子”。

只是在愤愤不平完后，他仍然多少有些心虚，所以他问我，不好好学习这辈子会不会玩完？

前几天看完《垫底辣妹》，我早已原谅自己不争气的泪流满面。这部改编自真人真事的电影，讲述了学年垫底的女高中生用一年的时间将偏差值提高40，并考入庆应大学的故事。

同样是深受“应试教育”的“升学压力”的东亚国家，日本在这方面的思考值得我们借鉴。除了《垫底辣妹》，我不得不说那部至今影响我的电视剧——《龙樱》。

只不过相比“辣妹”一人孤寂努力地考应庆，《龙樱》是在讲一群人努力地考东大。同样是恩师，相对乏味空洞高喊“努力奋进”的麻辣教师，《龙樱》里边那个前“暴走族”成员樱木老师在组织一帮各怀心事却又同样想要证明自我价值的“吊车尾们”突破自我，完成在他人眼里不可能的目标——考上全日本第一的东京大学。其中对人性的拷问与自我的反省，于普通人而言其现实意义让人印象深刻。

2.

曾经，韩寒之所以能被一帮“中二少年”所敬仰，很大一部分原因在于他在《通稿2003》言之凿凿地向应试教育“开炮”，批判国内的应试教育不仅将试卷答案刻板地“标准化”，连对人才的培养也通通砍枝去叶泯灭个性地“标准化”。正是这一驳，驳出了无数人的心声。

那些年我们也曾在题海战术中一再沉沦而迷惑不已。所以，早已对学习目标自暴自弃的“差学生”可以给“读书无用论”再添一个正当的理由，还能美其名曰：追求自我个性的觉醒；而一部分所谓的“好学生”在迷茫不已的时候，也会用当初风靡全国的“素质教育”去质疑现状，一再反问学校为什么要刻板地训练自己成为只会答题的“考试机器”？

所有人都能在产生倦怠时放纵自己，在自己的舒适区里给自己的懒惰寻找客观的借口。

3.

在电视剧《龙樱》中，主人公们一直轮流不断地在质疑和追问一个困扰自己的问题：

作为学生，当我们无力改变规则却又对现状极端不满的时候，到底要不要屈服于应试教育的现实而埋头把自己训练成考试机器呢？

发奋努力地读书考试的意义到底是为了什么？面对一群叛逆又软弱的少年，樱木老师给了这样的回答：

“这个社会有规则的，不能超越这个规则生活。但是所谓的规则，都只是那些头脑好的人为了方便自己而制定的。聪明的人能不被骗并且战胜规则，笨蛋就会一直被欺骗吃亏输下去，这就是现在社会的体系。

但是，即使是遵守规则的人之中也有聪明的家伙，巧妙地利用这些规则，比如说，税金、养老金、保险医疗制度等福利体系，全部都是头脑好的人故意弄得很难明白，设下的从什么都不想知道、头脑不好的人那里大笔捞钱的圈套。也就是说，像你们这些不用脑子，光是抱怨麻烦的家伙，就会一辈子地被骗，被迫付出很多的钱。你要是不喜欢这样的世界，就自己重新制定规则。

教给你们一个唾手可得的方法：去东大读书！如果你们要是不想被骗、不想这样一直吃亏下去，你们就给我学习！只有填鸭式教学才是真正的教育，这种思想是要作为绝对指示来遵从。除了填鸭式教学以外，教育还能做什么呢？必须是反复的训练，就是要成为‘考试的机器’，做到能瞬时反应。没有规矩你们能做什么？你们什么也不能做！”

草莽时代不乏暴发户。但是在日益复杂精细的知识经济时代，你可以罔顾现实自欺欺人，也可以无视规则期待不劳而获。只是人生在世，所有命运赠送的礼物，都暗中标着价格，其中就有不劳而获。

樱木老师的话语满是刺耳与直白。台下一向叛逆又反骨的学生，却在此刻沉默得无言以对，握紧揣起课本的拳头，暗自下了决心。

4.

跳出剧情，之前我们不是没有仰望过美国等西方国家“充分尊重个性”的素质教育。倒是这些年那些发达国家发觉自己搞了那么多年的“素质教育”后发觉，在这种教育体系下培养出来的学生的基础拼写能力和基础阅读能力与亚洲国家学生相比逐年下降，自己的高等学府里，可以发展第一生产里的理工专业都是亚洲学生。

当初的叛逆少年韩寒如今在娱乐圈和赛车场上混得风生水起，在他的《通稿2003》再版时他却一反常态认为自己的成功不过是幸存者偏差，并开始反思：

“这是我14年前的书了。十七八岁写的随笔。针对20年前的应试教育。时过境迁，现在看，很多地方解气但过激狭隘，未必都有道理。有些对我而言没错，但对其他人并不合适。”

先摆一个事实，所谓西方的“素质教育”与其说是学校和社会的义务，不如说是孩子父母的责任。大多数中国家庭其实在客观上支付不起西方精英式“素质教育”培养。真正的素质教育不是多上几堂思想教育课那么简单。看看那些为了让孩子挤进名校的西方父母便知：

除了校内的GPA分数，要大手笔投资孩子的“高专精”课外业余爱好，比如网球、花样滑冰等贵族式运动，要费尽心思想办法为孩子寻思高端慈善志愿者的入场券，还要留出一大笔“校友捐助”资助给学校以为孩子搭建好进入名校的桥梁。

这种“素质教育”与其说是考验孩子不如说是比父母。比的是孩子父亲的财力、实力和人利。其结果只能是有钱人家的孩子越来越好、越来越精英、越来越同普通家庭的孩子形成泾渭分明的“马太效应”分界线。

对于工业经济高度发达的日本而言，现今依旧采取应试教育的模式必然有它的道理。在宏观层面，对于经济发展处在社会主义初级阶段的中国而言，应试教育可以减低执行成本，兼顾大多数人利益的同时可以最大层面地为国家培养优秀人才。在教育资源有限的空间内，通过公平的考试竞争打开阶层上升渠道，从而有效地改变中国的阶层构成。

微观层面，比起“文学鬼才”韩寒及那些“电竞天才”等被称为“幸存者偏差”的人，大多数人资质平平到不足以论天赋，但是这些“天赋平平”的人，大多数可以通过合理的应试教育被训练成基础学科扎实的人才，通过训练正确合理的逻辑思维能力，为个人“质变”的迸发积累必要的量变。樱木老师一语道破真相：

“正是遵守规则的人才是有独创性的，有个性的人在近代科学的世界中，凭胡乱的想法是不可能有大发现的。大家都很好地理解基础研究，在遵守这个稳重的规则的基础上，研究才能得以进展。没有遵守规则的精神，不可能有学问上的发现。”

5.

步入社会后就会发现，生而不等的资源配置、错综复杂的人际关系、转瞬即逝的机遇等方方面面都在影响着一个人的人生前景，对人生自我价值的追求不再单纯地取决于个人天赋或是努力勤奋。

而学生时代那种为了信念和目标，只是简单争口气的倔强而去拼命念书，最后在成绩上终能有所回报的成就感。作为学生只要努力的方向，学习的方法正确，付出和回报绝对成正比。

所以，我特别想对那位认为“中国应试教育体制下以学习成绩论短长不公平”的学生说，很多年后我才惊觉：高考其实是人生的最后一次完全公平的竞争。

在这最后一次完全公平的竞争中，如果我们专注地努力过，无悔地拼搏过，无论成败都必然会刷新今后你人生的格局。因为你对自己问心无愧！

在所有人都问心无愧的结局中，樱木老师望着那棵大家一起种下的许愿樱花树，坚定地告诉大家：

入学考的正确答案，永远只有一个，要是没能到达这个唯一的结果就是不合格，这是很残酷的，但人生是不同的。人生的话，正确答案有好多个，所以你们不要怯懦于生存这件事。你们不要否定自己的可能性。考上的和落榜的都给我听好了，你们给我抬头挺胸，堂堂正正地生活！

去中国台湾看中国海

1.

从桃园国际机场走出的那一刻，潮湿得有些压抑的空气让我这个塞北来客有些喘不过气来。

车窗外的街头巷尾的错落布局，动辄可见的日式料理店及类似“西门町”“一番目”的日式街道名称，让我恍惚觉得来到了日本。著名景点比如九份、金瓜石和林田山的博物馆及随处可见的联排房屋都有着化不开的日式情结，但是时不时出现在街边的堂皇的妈祖庙、济公庙，以及蔓延纷杂的繁体字和汉语却提醒着我这里是传承华夏文明的台湾地区。

预先看了很多攻略，又对当地私人用地法规有些了解，我对台湾地区落后的城建和街道早已有了预期的心理准备，所以这方面倒是没有多大的失落，反倒是对干净整齐不逊色于日本的街道卫生心生敬佩。

可是街道上的车辆除了偶尔一见的宝马、奔驰，基本都是清一色的日产车，自产车在街上的密度甚至不如大陆自产的吉利、奇瑞。由此可见台湾地区的人们对“日本技术”的特殊情感。对比前些日子花高价请出周杰伦代言的台湾车企，本地人都不认可的品牌却要在大陆雄心勃勃投资要闯出一片天地，只能说路漫漫其修远兮。

2.

对台湾地区最朴素的向往，于一个在大陆成长起来的80后而言，最初来自那些年我们追看过的台湾综艺节目和偶像剧。同为华语圈，与大陆当时单调的娱乐文化相比，那个时候的台湾娱乐真是满满的清新与朝气。那个时候台湾腔的普通话仿佛就是一种时髦的标志，大大小小的大陆娱乐主持人都嗲说着一口“港台味”的普通话来讨喜观众。在我脑海里于台湾地区的印象是，会不会在对岸的西门町遇到正在散步的直树夫妇，或者在校园边的林荫小道上遇到游泳队吉他社的张士豪。

后来时间轰隆隆地碾压过来，关乎台湾在记忆深处的小清新连我自己都不知道在什么时候渐行渐远地开始褪色。猛然想起自己最近追看过的台剧居然是2010年的《犀利人妻》。

等到《那些年，我们一起追的女孩》《我的少女时代》一被热炒，看过后心底的第一反应居然是：这么多年了，台湾电影的代表作怎么还是万年不变、空洞乏味的清新梗？等到我真的来到台湾地区打开电视节目才发觉除了政论节目和一天到晚循环播出的电视购物，播放的电视剧要么是大陆前段时间热映过的《芈月传》《琅琊榜》《女医明妃传》，要么就是很久以前大陆播出的清宫戏《雍正王朝》《康熙微服私访记》，甚至是我都不怎么知道的《爱上男闺蜜》。

好不容易翻出一部本土电视剧，却被不明就里的剧情和粗糙的制作弄得索然无味转台看了娱乐节目，而节目中的歌手、演员我竟然一个都叫不出名字来。

对比台湾地区的粉丝包机追星TFBOYS和大规模惜别被驱逐出境的鹿晗，惊觉大陆娱乐文化竟然反攻了台湾地区的半壁江山。

3.

韩寒曾说：“台湾地区最美的风景是人。这话现在看来，只能说是讲对了一半。在经济上曾经领先了中国大陆30年的台湾地区确实在公民素质上先行一步，乱扔垃圾、乱吐痰、乱插队、乱闯红灯的现象在台湾地区几乎销声匿迹，服务人员热情礼貌又周到，相比冷漠到不懂得灵活表达且崇拜‘狼性竞争’而戾气满满的大陆人，台湾人确实在人情味上边将‘温良恭俭让’的优良美德传承下来。”

但是比起在台湾地区四小龙时代成长起来的老一辈，多数新一代的“人情味”显然没有那么厚重。听出我们的大陆口音，很多老一辈会主动亲切地拉着我们说起他们20世纪90年代初“小三通”开放时走过的大好山河及各种见闻，他们把对岸称之为“大陆”。

而新一代则在礼貌之余刻意保持出“距离感”，且大多数的回答是“我还没有去过中国大陆”。

说实话，站在满眼都是汉字的街头，很多时候我都恍惚自己依旧在大陆。只是偶尔找车付账的时候习惯性地想到滴滴打车和支付宝，才赫然发现自己在台湾地区。于是只能打电话叫计程车或者掏出大小不一的硬币来支付。

抑或在书店被书的封面吸引住，翻开内容却极其不习惯竖体印刷的文字模式，以及与大陆相比贵了近乎一倍多的书价让我买起书来不能随心所欲，时时刻刻提醒着我现在身在台湾地区。

相对比大陆网络科技日新月异的发展和获取信息渠道的实惠便利，台湾地区明显落后了一大截，而多数台湾人却不自知也不愿知。

这种难以言喻的突兀感，混杂着闽南地区特有的山海风情，在高雄喧嚣嘈杂的夜市里，化为哑然无声。

4.

许纪霖曾说：台湾与大陆不同，她是一个没有腹地的海岛，是浩瀚太平洋中的舢板小船。台湾人具有深刻的海岛心态，得益于开放，也很容易在开放中受到伤害，因而激发走向封闭的反弹。孤岛上的岛民，是倔强的，又是脆弱的，是封闭的，又渴望被接纳。个中的委婉曲折，生活在大陆的同胞，是否可以理解这位既有悲情身世、又不无孤僻性格的亚细亚孤儿?

那天我们正好在野柳，导游指着远处的一片朦胧的半岛对我们说：看！那是筠园，就是埋葬邓丽君的地方。

当年，这位极具中国古典女性神韵的一代巨星，她的歌声曾经悄悄地穿越海峡，为那个时代对岸僵化而麻木的同胞带去柔情与感动。

而现在，我却站在这里看海。台湾地区的海湛蓝澄净得让人心驰神往，广阔透彻得让人心旷神怡。绵延不绝的海岸线，山水相间，悬崖峭壁直接伸入大海，海上的阳光回味悠长。

刹那间，我这个内陆的孩子被震撼得无以复加。

我是如何从“失败的高考”中受益的

1.

有人说高考虽然重要，但是不至于影响你的一生。也有人说高考是人生的赛点，对你人生的转折承前启后。

高考的影响到底深远几何，我决定用我亲身经历去回答这个见仁见智的问题。

时间退回到2005年我结束高考走出考场的那一刻，看着焦急等待的父母，我的回答是：发挥平稳。那一年我在我们市里一所上游学校最好的文科班，除了数学之外的另外三科成绩优秀。我上高三第一次月考的时候，我的数学老师就对我母亲说，根据木桶理论，我能不能上重点大学完全取决于我的数学成绩。

于是那一年，我一头扎进数学里。上英语课的时候我做数学题，上语文课的时候对着数学尖子的答案消化思路，上政治、历史和地理课则满脑子回味着数学老师上一节课讲的最后一道大题的解题思路，晚自习的时候就把一天的数学题目整理下来，回到家直至晚上十二点半，我又对着一天整理出来的数学题目复习一遍。压力大到不能自已的时候，我会哗啦啦地流一通眼泪，看上几集《犬夜叉》，然后继续看数学。

于文科女生而言，数学就是一种变态的精神虐待。

第二次模拟考试的时候我的数学竟然头一次破天荒的及格，竟然直接进到全年级前20名，成为老师眼中的“黑马”。大部分的月考、模拟考，我发奋努力而来的数学成绩依旧只占卷面满分的2/5，而因为投入数学被我一再忽视的其他三科成绩，则永远是我立足于全年级前50名之内的有力保障。

你擅长的学科，学起来不费吹灰之力且乐在其中，它们会源源不断带给你学习的乐趣和成就感；而你不擅长的学科学起来，费力不讨好另说，关键是它会对你的自信带来毁灭性打击，甚至开始让你怀疑人生。

在真枪实战的高考，纵使我其他科目相对优秀，在高考资源相对贫乏的省份，我实在是没有天赋的数学成绩只能让我同重点大学失之交臂，去了一所普通的二本。那一年，人生灰暗。

我浑浑噩噩地穿梭在那所二本学校熙熙攘攘的人群之中，感受着与自己期望值相差甚远的学校设施，每天都处于周期性循环苛责自己和否定自己的焦虑之中。除了用吃填补自己的失落把自己吃胖20斤，我还患上神经衰弱失眠症。

我不止一次试图让自己沉静下来，尝试着进入沉睡而短暂地忘却纠结，但是丝毫没有作用。大段的焦灼的空白，在歇斯底里中，质问我近20年来存在的意义。我习惯了整夜地睁着眼睛，听着室友们此起彼伏的呼吸声，从漫天星辰看到东方逐渐明朗的鱼肚白。

将近半年多的自我折磨，长时间的失眠和肥胖让我整个人的精神状态极为不佳。我试图说服母亲让自己退学补习，但是得到否定的回答。她反过来问我，是不是要拿高考当借口，消沉堕落放纵自己一辈子？

我羞愧难当，不得不狠狠地直面自己。我承认我在数学上的天赋实在寥寥，但不至于如此之一败涂地。逃避与拖延，才是我失利的真正原因。

首先，我可以自我安慰自己当初无时无刻不在学数学。

但是必须承认的是，因为数学曾在学海之路上给予我沉重的打击，让我对数学本能的排斥性日益增强，同时我又不得不妥协于数学成绩在总分数中占比重要性的现实。

那个时候的自己带着一股子气的“刻意刻苦”蛮干不注意方法，其本质其实就是高投入低产出的粗旷型“努力”，但是却从未彻底融入这门学科，从未下过决心将其吃透、学透。

那些投入在数学里的“无时无刻”其实是一种低效率的努力，是一种近乎有口无心的逃避，是一种自欺欺人的自我安慰。所谓的刻苦，不过是自己感动自己的努力，不过是草率给自己一个“努力过”的交代，数学成绩不见起色后更是加重了自怨自艾的悲剧色彩。

2.

很多时候我们越是努力，越是发觉天赋的重要性。也正是因为努力过，我们才知道自己真正的天赋是什么。比如同等程度的努力，我文综可以轻松考到240分，英文拿到120分，但是同等程度的努力显然不足以让我对数学开窍，这就是个人天赋与短板的差距，不承认不行。

成长步伐中最快乐的事情，就是我们拥有越来越多的自主选择权去做我们自己擅长的事情，在人生的答卷里扬长避短。高中的数学可以决定我的去向，大学的数学只可能会影响我拿奖学金的概率，但是考研的时候我完全可以地选择去考没有数学的专业，等到步入工作我则因为表达能力出色被安排到行政岗位撰写材料发挥自己所长。

所以，我们在正视自己短板的同时，也要客观评价自己的长处，保留自己的实力，把目标转向自己擅长的地方，而不是钻牛角尖一般地妄自菲薄地跟自己死磕，早早灭了自己的自信和志气。

最后，我必须坦率地承认，高考失利在某种程度上成为刺激我后来前进的动力。因为切身体会过消沉和失落的滋味，深感无力与悔恨，这让一向懒散的我为了不重蹈覆辙而迸发出惊人的潜力。之后的英语四、六级、计算机三级及人力资源部师二级考试等势如破竹均一次性高分通过。

如果当初高考考进重点大学，以我得过且过求敷衍的性格，每天极其自律趴在自习室18个小时以上一年多的时间，比高考还要拼命地去考研究生，那我想是做不到的。在把自己折腾瘦10多斤的那一刻，我终于拿到能给自己一个交代的研究生录取通知书。

3.

然而要说到那年高考失利对我最大的影响，还是我对数学这门神奇的科目始终挥之不去的补偿心理。这种补偿心理恰恰让我做了一个影响我一生的选择。

那年冬天，我百无聊赖地坐在咖啡厅，等待着我的第18位相亲对象。因为我一直抗拒着这种保守甚至赤裸裸的社交仪式，所以我并未对这次约会抱有太大期望。

这时候，一个白净瘦高戴着黑框眼镜的男孩子轻轻地坐到了我的对面。做了简单的自我介绍后，我们各自静默着，不知该做些什么交谈。

最后受不了气氛尴尬的我，决定在开溜之前给这次约会一个面子上的寒暄。

我没有像往常例行相亲那般世俗，没有问他的兴趣爱好，也没有问他的工作学历，也没有问他到底有没有房、车。那天我问了一个很傻的问题。

我问他：你高考的时候数学考了多少分？

他显然是愣了一下，然后回答说：

138分。

看着对面这位跟我截然不同的生物，我瞬间被一种无形而又巨大的冲击波震撼得无以复加，继而一种无以名状的触动从心底荡漾开来，浮到面颊上散发出一个复杂而又羞涩的微笑。作为一个被数学虐待无数的文科女生，此刻无法从本能上抑制住对一个长相端正的异性数学“学霸”天然的崇拜。

之后我们相聊甚欢，我向他吐槽自己那些年被数学“虐过”的日子，他对文科女生的数学理解能力表示不解。我们发现彼此最爱的美剧都是《老爸老妈》，最喜欢的历史人物都是朱厚照，最不喜欢的天气都是南方的梅雨季。

后来这位数学“学霸”，不仅帮着我表弟省了请理科家教的钱，而且百问不厌随叫随到，会在睡前给我讲爱因斯坦相对论关于时空和引力的理论帮我催眠，会在我拿着计算器算线性绩效的时候直接甩出编程给我输入数字得结果……

暖心之余我总是在想，在那个寒冬遇到他时，能问出那么弱智的问题而没有错过缘分，不正是应该要感谢我曾经“失利的高考数学成绩”吗？

综上所述，影响命运的不是高考，而是我们面对高考的人生态度。

不是骗子高明，而是我们心有羁绊

1.

最近，大学生徐玉玉被骗学费猝死的新闻还在热搜，另一位大学生宋振宁又因电信诈骗心脏骤停的消息一波又起。

听闻这类消息，总是特别的惋惜心痛。斯人已逝，但网络上总有可畏的人言，竟然以“大学生智商欠费”“单纯无脑被骗活该”“典型应试教育的束带在”等对逝者进行攻击，言语恶毒刻薄到令人发指。

在这个时代，信息交流和沟通已经变得愈加重要，但因为客观的和主观的原因，并不是每个人都有幸得到完全的信息。正是因为信息不对称的制约，就算我们天天警醒和防范，始终都有骗子利用人性情感上的弱点向茫茫人海撒网，总有心怀羁绊的鱼儿上钩。

比如我妈，平时一个聪慧机敏的老太太，就曾为此跌过一跤。

2.

10年前我离家千里之外上大学，一个冬天的晚上我妈和同事聚餐完毕开车回家，等红灯的时候停在一个路口。这时候有人敲她的车门，她看对方是一个看起来和我一样大的小姑娘，就放松了警惕。

结果刚摇下车窗，一个学生装扮的小姑娘就跟我妈哭了起来：阿姨，我是外地的学生，刚到这里就被人偷了，钱包、手机、衣物什么的都没了。您能不能给我点钱让我买口吃的，然后让我给家里人打个电话。

我妈看着姑娘恳切的眼神，被冻得通红的小脸还有略有冰碴的鼻涕，当即给了对方300元钱，让她先赶紧吃点暖和的东西，找个暖和的住处落脚。

然后绿灯亮起，我妈一脚油门过了交通岗，那个姑娘也从此去无踪。一回家我妈给我打电话说了此事。我问我妈，她给你留联系方式了吗？我妈说：交通岗红绿灯那里遇到的，绿灯一亮后边车就开始鸣笛，我就赶紧过了马路急着回家，哪儿来的时间留电话！

我双手一摊：完了，您被骗了！现在这骗局还不常见吗，专挑红绿灯口扮沦落外地丢了钱包的女学生骗取同情心，总是有家长模样的司机上当！

我妈突然醒悟：我一看她那个年龄就想到了你，不知不觉地在她身上代入你的影子。她跟我说话的时候我就想，要是我女儿天寒地冻地沦落到大街上举目无亲，真希望能遇到一个好心人能在那个时刻帮帮她。就算她是骗子，年纪轻轻被冻成那样看着也心疼。就当她赚了一把赶紧收手回家暖和去吧。

听了这话我差点晕过去，痛恨女骗子的同时，眼眶却莫名地发酸。我那个时候终于知道，无论别人眼中我的母亲是多么强悍、机敏，我始终是她心里最牵挂、最柔软的一面，是她心里最容易被牵制的羁绊。正是因为抓住了这个软肋，遇到那个姑娘的时候，她平日里的理智和警惕在那一刻全然消失。

后来，我自己也深刻地体会过一次因为内心的羁绊而全然丢掉理智。

3.

那阵子我正处在失恋的边缘，整天浑浑噩噩不知所措，整晚睡不着觉，时而矫枉过正苛责自己，时而清醒理智决心放弃。但是我那个时候就算是分手也始终不愿意相信最终分手的原因是对方背叛，心里总是残存着一丝不甘的期望。

然后在一个连续不眠的夜晚，我鬼使神差地在网上搜到一条“预测爱情”的信息，然后加了对方的QQ号。然后对方问是不是我心有不甘求一个缘由？我当即一下子觉得正中痛处，实在神奇。

然后对方向我问了一些琐碎的信息要我稍等片刻。过了一会儿，对方发来一个文件夹，告诉我占卜的信息都在里边。

我打开发现那是个加密的文件夹，需要密码。对方要我必须支付500元钱才告知密码。

这就像水落石出的当头，突然给了我一棒。刹那间，几日来的浑浑噩噩突然触底反弹，釜底抽薪一般从我几日虚耗的萎靡中透支出一股兴奋来。那个时候平日里所谓的智商、理性还有冷静，通通被折磨了我好久的自尊和不甘无情地出卖，只为求得一个痛快。

后来一想，一个半夜不睡觉的失恋少女网上寻求“预测爱情”的咨询，肯定是因为情感挫折。这么明显的情节正常人一想就能想明白的线索，但是对当时被牵扯着软肋放不下羁绊的我而言，只能任由骗子指挥和掌控。

结果网上转账过去500元钱后，我被骗子拉入黑名单。恍然大悟的一刻，我自然懊恼不已。

幸好被骗不多，我愧疚坦白的时候我妈就安慰我说：“不是骗子高明，而是我们心有羁绊。”

4.

因为曾经的感同身受，所以看到徐玉玉和宋振宁被骗的新闻，真是一点儿都不觉得意外。善良人的心都会有软肋，有软肋就会有羁绊。

相对于这两位大学生而言，严峻的家庭条件时时刻刻都在牵扯着他们改变命运的希望和决心。9900元对于富裕的家庭而言简直不值一提。但是对于挣扎在贫困线上只靠父亲一人支撑全家，只能靠寒窗苦读改变人生的徐玉玉而言，她上学带去的这9900元可是全家的血汗钱，凝结了全家的希望与梦想。

骗子正是抓住了这个贫苦孩子对于改变未来的希望和对贫苦家庭的羁绊，知道抓住了“孩子想要对通过助学金减轻家庭负担”的想法就是抓住了她的软肋，所以打电话告诉她转账才能汇去助学贷款。于是经济上窘迫，信息上不对称的徐玉玉毫无防备地相信了。

恰恰也正是这个深刻的羁绊，让恍然大悟的徐玉玉在发现被骗之后自责不已，郁结而亡。一个如花的生命，本可以在未来通过自己的努力挣上不知多少个“9900元”。但就是因为那个深刻的羁绊，让徐玉玉在极端的愧疚感之下无法跨越自己的短视和情绪的泥潭，不幸凋零。

徐玉玉不是败给智商，不是败给理智，而是败给自己的软肋，败给了对家庭牵挂不断的羁绊，败给了自己低估了他人的人性之恶的良善之心。

这些作案的骗子，相似的也是最可恶的地方在于他们深谙人性的软肋，利用他人人性中至善至纯的一面，对他人毕生维护和信赖的羁绊发起疯狂的攻击，妄图从中攫取利益。他们破坏了人类世界对真善美朴素的认知连接，试图把世界变成信任和安心的荒原，让猜疑与戒备横行在人们的日常逻辑之中。

所以，当我们坚定地呼吁和支持打击与严惩诈骗行为时，不仅是在为受害者讨回一个公道，更是在认知和行动上维护我们这个社会本该存在的信任和慈悲，让信赖永存，让羁绊不断，让那些嘲讽受害者的作恶者知道他们的本质不同的地方。